우리가 모르는 에코하우스의 진실

우리가 모르는 에코하우스의 진실

친환경주택을 지으려는
보통 사람들을 위한
필독서

마에 마사유키(前 真之) 저
송두삼 역

이 책은 에코하우스, 패시브하우스, 친환경주택의 내용을 다루고 있다. 무늬만 친환경주택이 범람하는 가운데 진정성 있는 친환경주택, 패시브하우스를 짓고자 하는 보통 사람들이 꼭 알아야 할 내용을 정리하였다. 『우리가 모르는 에코하우스의 진실』이라는 책 제목만 보고 이 책이 '유행을 노리는 책'이라고 생각하지 말고 읽어주었으면 한다.

CONTENTS

서문

이 책은 에코하우스를 둘러싼 28개의 테마를 검증하려는 시도이다. 동일본 대지진 후 에너지 사정이 격변하는 중에 항간에 에너지 절약, CO_2 절감, 환경(環境), 절전(節電), 스마트(Smart), 안심(安心)을 호소하는 다양한 주택, 소위 에코하우스가 넘쳐나고 있다.

에코하우스는 모두 '쾌적하고, 지구환경 친화적'이라고 주장하고 있다. 그러나 그 수법은 모두 유사하다. 즉, 정석(定石)이 있다는 것이다. 벽을 다 메우는 큰 창에 개방적인 수직 보이드 공간. 통풍이 확실하여 더운 여름도 바람만으로 견딜 수 있기 때문에 에어컨은 필요 없다. 그래, 요시다 켄코(吉田兼好)도 말하지 않았던가. 집은 여름을 가장 중요히게 생각해야 한다고.

이러한 정석(定石)으로 꾸며진 에코하우스가 오늘도 건축잡지의 표지를 장식하고 있다. 확실히 아름답고 시원한 사진을 보는 것은 즐거운 일이지만 에코하우스라고 칭하기에는 그 본질이 신경이 쓰인다. 에코하우스는 정말 에코인가? 그 현실은 어느 에코하우스에 상주하고 있는 가이드의 말로 잘 알 수 있다.

"이 집은 에코하우스로 설계되었다고 들었습니다만 항상 여기서 상주하고 있는 저로써는 불편하고 전혀 쾌적하지 않으며 에너지 절약이 되고 있다는 느낌도 없습니다. 일부러 보러와주신 분들에게 이 집을 추천해도 될지 고민스럽습니다."

.....

필자가 어떤 사람인지 한마디로 말하면 건축환경 연구자이다. 필자와 연구실 학생들은 꽤 많은 에코하우스를 실측해오고 있다. 그래서 유감스럽게도 정석(定石)의 대부분이 거짓이라는 것을 알게 되었다.

필자는 건축환경을 생업으로 하고 있으나 건축의 각 요소를 종합적으로 정리해내는 건축가의 노력과 수고에 항상 경의(敬意)를 가지고 있다. 대부분의 건축가들이 그 공간에 거주하는 사람들의 행복을 진심으로 바라고 있다는 것도 잘 알고 있다.

그러나 건축이라고 하는 것은 사람들의 임기응변만으로 완성되지 않는다. 공사가 끝나고 구조와 외피가 완성되었다고 해도 건축은 아직 완성된 것이 아니다. 대지에 생겨난 건축물은 토지의 기후와 공명해나가면서 그 주변과 내부의 환경을 형성해간다. 그래서 그 과정을 지배하는 것은 자연계를 지배하는 물리의 법칙인 것이다.

인간은 지금 다시 한 번 자신들의 힘의 한계를 인식할 필요가 있다. 우리들은 건축도면에 바람(기류)이 흘러가는 이미지를 아무리 그려 넣어도 공기 분자 하나도 움직이게 할 수 없기 때문이다. 물리 원칙을 무시한 인간 편의의 이데올로기는 사람이 살 수 없는 내부공간을 쉽게 만들어내고 있는 것이다. 그 오만의 산물로 막대한 화석에너지가 소비된다. 이러한 비극을 만들어내는 에코하우스의 정석(定石)이라는 것이 도대체 무엇이란 말인가? 실은 에코는 상관없고 그저 사진이 잘 나오는 공간이 필요한 것은 아닌지? 조금 그릇된 의심을 한 번쯤 하고 싶어진다.

그러나 비관할 필요는 없다. 겸허한 마음으로 물리법칙을 이해하면 길은

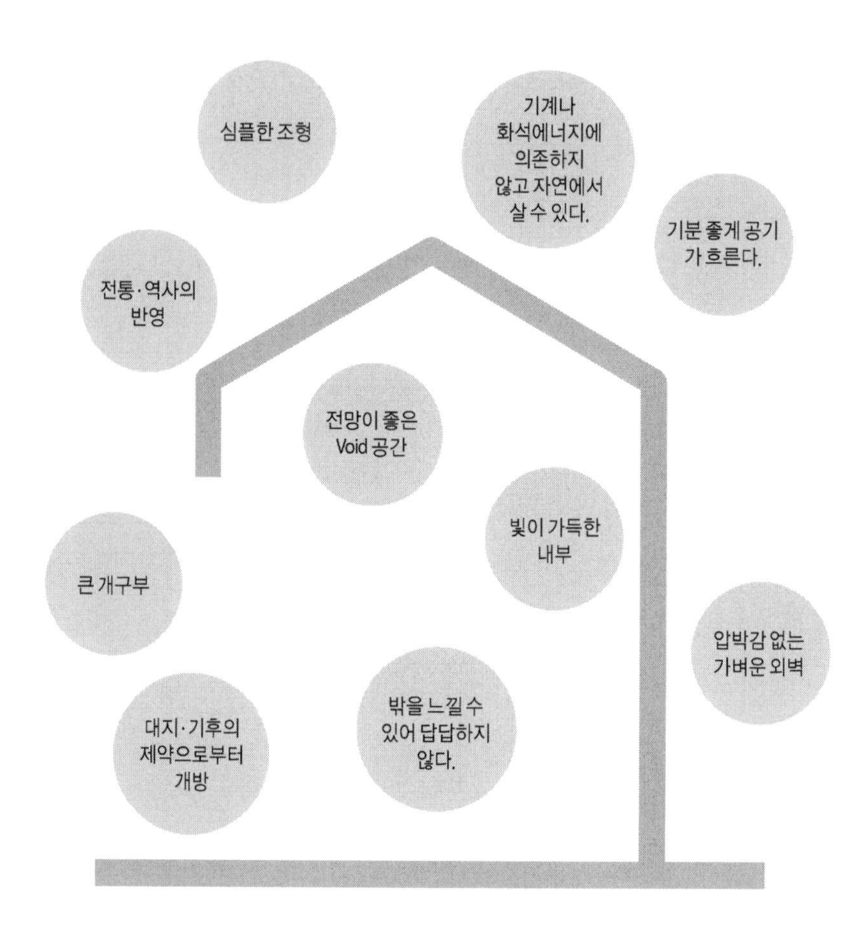

모던한 주택디자인의 허점

건축잡지를 장식할 만한 '모던한 주택'의 디자인 요소를 필자 나름대로 정리하였다. 개방적이며 심플하게 보이는 디자인으로 여름에 통풍을 이용하기에 안성맞춤이지만 겨울철에는 문제의 원인이 된다.

저절로 분명해진다. 어려운 수식을 전개할 것까지도 없다. 들어보면 당연한 상식을 조금 의식하는 것만으로 많은 문제가 해결될 수 있기 때문이다.

이 책은 에코하우스를 주로 다루고 있으나 에코하우스라는 것은 주택의 한 형태로 에코하우스에 관련된 내용의 대부분은 보통의 주택에 살고 있는 또는 보통의 주택을 짓고 싶어 하는 보통 사람들이 꼭 알아두면 좋은 내용이다. 『우리가 모르는 에코하우스의 진실』이라는 책 제목만 보고 이 책이 유행을 노리는 책이라고 생각하지 말고 읽어주었으면 좋겠다.

.....

2011년 5월 10일호부터 닛케이아키텍처(Nikkei Arcitecture)에 게재된 연재의 내용이 이 책의 전신(前身)이다.

제1회 연재의 내용은 이 책의 Q.4에 해당하는 '주거는 여름을 가장 중시해야 한다?'라는 그 유명한 요시다 겐코의 한 구절을 시작으로 하여 잘못을 규탄한다는 꽤 도전적인 시도였다. 결과적으로 닛케이아키텍처의 웹사이트에는 불평이 쇄도하는 사태에 이르렀으며 '이런 사람이 동경대 교수이어도 되는가?'라는 비판이 지배적인 가운데 공감되는 기사는 처음이다, 사진 촬영만 신경 쓰는 건축가에 신물이 난다는 찬동의 목소리도 간간이 있었다.

연재에서 필자가 고집했던 것은 다음 세 가지였다.

1. 실제 체험에서 얻어진 진실을 솔직하게

먼저 이 책의 전체 테마에는 근거가 되는 소재가 있다. 즉, 실제 짓고 있는 에코하우스로 문제가 된 대상만을 전적으로 다루고 있다. 직업 특성상, 필자는 에코하우스 실제 건물에 대해 다양한 조사를 실시하고 있으며, 업계의 내부 이야기도 어느 정도 들을 수 있다. 이 책은 그중에서 널리 알려지길 바라는 사항만을 엄선하고 있다.

2. 특정조건에 대해서 비방중상(誹謗中傷)은 하지 않는다

필자는 개별적인 실패에 대해 왈가왈부하고 폄하하고자 하는 것은 아니다. 현 상황에 문제가 있다면 그것을 많은 사람이 알도록 하여, 보다 좋은 에코하우스를 만드는 데 도움이 되어야 한다. 그 냉정한 논의를 위해 진실이 필요한 것이며, 각각의 에코하우스나 설계자를 비방중상해도 문제가 근본적으로 해결되는 것은 아니다. 실제 건물 대신에 컴퓨터시뮬레이션으로 적절히 보완하는 것은 이러한 사정에서이다.

3. 일반인들이 읽어서 즐거운 것으로

이것은 필자가 가장 중요하게 생각하고 있는 부분이다. 세상에는 양질의 건축환경 전문서(전문가용)가 많이 있다. 그러나 실제 에코하우스는 문제투성이다. 이제부터 집을 지으려는 사람들이 이해하기 쉽게 균형 잡힌 책들은 별로 없다. 이 책이 이러한 불통(不通) 또는 견해차 해소에 한 몫을 했으면 하는 생각이다. 어려운 것은 잠시 제쳐놓고 먼저 이 책을 즐겨주었으면 좋겠다. 한 순간이라도 히죽 웃어준다면 기대 이상의 기쁨이다.

연재는 당초, 전체 8회로 예정하고 있었으나 다행히도 호평을 받게 되어 두 번에 걸쳐 연장되어 총 16회까지 계속되었다. 연재 종료 시점에는 어느 정도 다 썼다는 기분이었으나, 동일본 지진 재해 이후에 사회 정세가 급격히 변화하는 가운데 연재 내용의 서적화가 논의되었다. 어찌 되었든 책으로 만든다면 연재를 적당히 손질해서 내놓는 것은 부족하다는 생각에 새롭게 의문이 들었던 항목을 추가해서 테마를 총 28개로 늘리는 것은 물론 연재할 때의 테마도 거의 재작성하였다. 따라서 이 책은 거의 신작으로 작성되었다.

결국 에코하우스란 무엇인가? 이 책의 결론은 여기서는 말하지 않겠다. 마지막까지 읽는다면 저절로 알게 될 것이라 기대하고 있다. 논의가 활발하게 이루어져 에코하우스보다 더 나은 것으로 진화해가기를 진심으로 바라고 있다.

마지막으로 이 책의 집필에 도움을 주신 분들에게 감사를 드리고 싶다.

먼저, 귀엽고 센스 있는 일러스트를 그려주신 나카니시 미에 씨, 적절한 도표를 작성해주신 무라까미 사토 씨에게 감사드린다. 덕분에 이 책은 밝고 생동감을 가지게 되었다. 거듭되는 변경과 수정에도 묵묵히 대응해준 편집자에게도 감사드린다.

독립행정법인 (일본)건축연구소 분들에게는 평소 함께 연구를 진행하면서 여러 가지 조언을 받았다.

연구실의 학생들은 평소보다도 초인적인 활약을 통해 원래 가르침을 주어야 하는 입장에 있는 필자에게 막대한 데이터와 힌트를 제공해주었다. 진심으로 감사드린다.

그리고 무엇보다도 함께 보낼 시간을 할애하여 이 책을 집필할 수 있는 시간을 준 아내와 아들 유키히로에게도 감사의 마음을 전한다.

2012년 5월 29일

마에 마사유키

역자 서문

그린빌딩, 저에너지빌딩, 패시브하우스, 에코하우스, 제로에너지하우스 등 친환경건축에 관한 다양한 형태, 용어들이 범람하는 가운데 역자는 진정한 친환경건축이란 무엇인가? 어떻게 하면 친환경건축을 진정성 있게 구현할 것인가? 샘플건물, 샘플주택이 아닌 시장에 친환경건축을 어떻게 보급시킬 수 있을까? 고민하고 있었다. 그 와중에 일본 출장 중 우연히 서점에서 발견한 『우리가 모르는 에코하우스의 진실(エコハウスのウソ)』이라는 책은 실로 충격적이었다. 역자가 집필하고자 하였던 진정한 '친환경건축'에 대한 생각들이 잘 정리되어 있었기 때문이다. 원저자인 동경대 마에 교수를 만나고 작금의 친환경건축에 대해 많은 이야기를 나누고 상호 간에 많은 부분 공감하고 있다는 사실을 알게 되었다.

한국에 돌아와서 고민 끝에 마에 교수에게 번역서를 내겠노라고 메일을 보냈다. 흔쾌히 허락해주었다. 의욕적으로 번역서를 내겠다고 결심하고 나서도 많은 우여곡절도 있었다. 그럼에도 이 책을 꼭 출간해야겠다고 생각한 것은 친환경주택을 지으려는 생각을 가지고 있는 분들, 그리고 친환경건축 설계나 시공에 종사하는 분들이 이 책을 통해 좀 더 친환경주택, 에코하우스, 패시브하우스의 본질을 이해할 수 있기를 바라는 마음에서였다.

이 책의 내용은 다소 일본적인 내용들이 포함되어 있어서 다소 어색한 부분이 있을 수 있다. 그러나 이 책에서 저자가 강조하는 것처럼 에코하우스 또는 친환경주택은 멋진 디자인이 아닌 열, 빛, 음, 공기라는 주택(건물)의 물리적인 현상을 조금이라도 이해하는 것에서 가능하다. 즉, 비록 이 책의 내용이 일본 주택을 대상으로 하지만 주택의 물리적 환경을 이해하는 디자인은 전 세계 어디에서도 통용될 수 있기 때문이다. 이 책의 내용을 꼼꼼히 이해해서 무늬만 친환경이 아닌 진정한 친환경주택을 지을 수 있기를 기대한다.

번역을 진행하면서 중점을 두었던 부분은 원저자의 의도를 충분히 살리면서 한국어로도 어색하지 않게 표현하고자 노력하였다. 이 부분에 대해 많은 시간을 할애하여 검토를 해주신 도주희(都周熙) 박사께 감사드립니다. 아울러 이 책을 번역하고, 출간하는 데 많은 도움을 준 에이디모베(ADMOBE) 이재혁 소장, ㈜도서출판 씨아이알의 이일석 팀장, 김동희 대리께 깊은 감사드립니다.

2016년 2월

송두삼

성균관대학교 건축토목공학부 교수

제1장

냉방

절전(節電)이 최대의 관심사가 되고 있는 요즘, 눈총을 받는 것이 에어컨 냉방이다. 그러나 주택에서 에어컨을 없애면 모든 문제가 해결될까? 원래 에어컨으로 냉방을 한다는 것은 그토록 바람직하지 않은 것인가?

Q.1 가정용 에어컨은 절전의 적(敵)?

A 먼저 줄여야 하는 곳은 오피스
주택은 작은 용량의 에어컨으로 냉방이 가능하도록 해야 한다.

에어컨 냉방이라고 하면 무조건 죄책감을 가지는 사람들이 많다. '나는 에어컨이 별로야'라고 하는 것이 고상한 숙녀의 마음가짐인 것처럼 인식되기도 한다. 주택설계에도 그 여파에 눌려 에어컨을 없애는 것 자체를 목적으로 하는 설계지침서(指針書)까지 등장하고 있다.

물론 지금의 전력공급 핍박 속에서 전력소비를 줄이는 것이 가능한 주택을 설계하는 것은 매우 의미 있고 훌륭한 일이다. 그러나 주택에서 에어컨을 없애는 것으로 모든 문제가 해결되는 것일까? 원래 에어컨으로 냉방을 한다는 것은 그토록 잘못된 것인가? 냉방이 잘 되는 거실에서 맥주를 마시면서 TV로 고시엔(甲子園, 야구)을 관전하기 때문에 여름 낮 시간의 전력소비가 피크치에 이른다고 하는, 소위 고시엔(甲子園) 신화를 시작으로 전력 피크의 실체를 분석해보자.

전력 피크를 초래하는 주범은?

동일본 대지진 재해로 다수의 발전소가 커다란 피해를 입어 2011년 여름은 일본의 전력 수급에 상당한 핍박이 예상되었다. 그 사전 검토를 위해 에너지자원청(廳)에서는 가장 더운 여름날, 도쿄에서 오후 2시에 외부 온도가 34.9도라고 가정하고 전력 수급 곡선을 작성하였다(그림 1).

이에 따르면, 정오 지난 무렵인 오후 2시쯤에 최대 6000만 kW의 피크가 발생한다. 이 중 주택이 포함되는 가정용은 1800만 kW로 예상하고 있으며, 그 절반을 에어컨이 소비하고 있다. 즉, 약 1000만 kW 정도를 에어컨이 소비하고 있는 것으로 전체 6000만 kW에 대한 비율은 6분의 1 정도가 된다.

이렇게 보면 역시 에어컨은 잘못된 악(惡)으로 인식되지만, 이것은 실제 계측된 결과가 아닌, 가설에 근거한 시산(試算)이다. 주택 상황이나 에어컨의 사용상황은 모두 예측결과이며, 과잉한 계산결과라는 지적도 적지 않다. 물론 낭비로 에어컨을 사용하는 것은 삼가야 하겠지만 에어컨이 절대로 사용해서는 안 되는 위험물은 아닌 것이다. 애당초 피크 시에 최대로 전력을 소비하는

그림 1 가정의 에어컨은 그렇게 나쁜 것인가?

여름철 최대 피크인 날의 수요 곡선 추계(推計)와 가정부문의 전력수요 구성(아래 원 그래프). 2011년 여름의 사전 대책 시 자료(http://www.enecho.meti.go.jp/topics/hakusho/2011energyhtml/1-1-1.html). 전체로는 정오를 지난 오후 2시경쯤에 최대 6000만 KW의 피크가 발생한다.
그중, 가정용은 1800만 KW로 산출되며, 약 절반을 에어컨이 차지한다(아래 원 그래프). 그러나 전체 중 최대 비율을 차지하는 것은 오피스 등의 업무용 전력 2500만 KW이다. 또한, 주택의 피크는 낮이 아닌, 조명이 사용되는 밤 8시경이다.

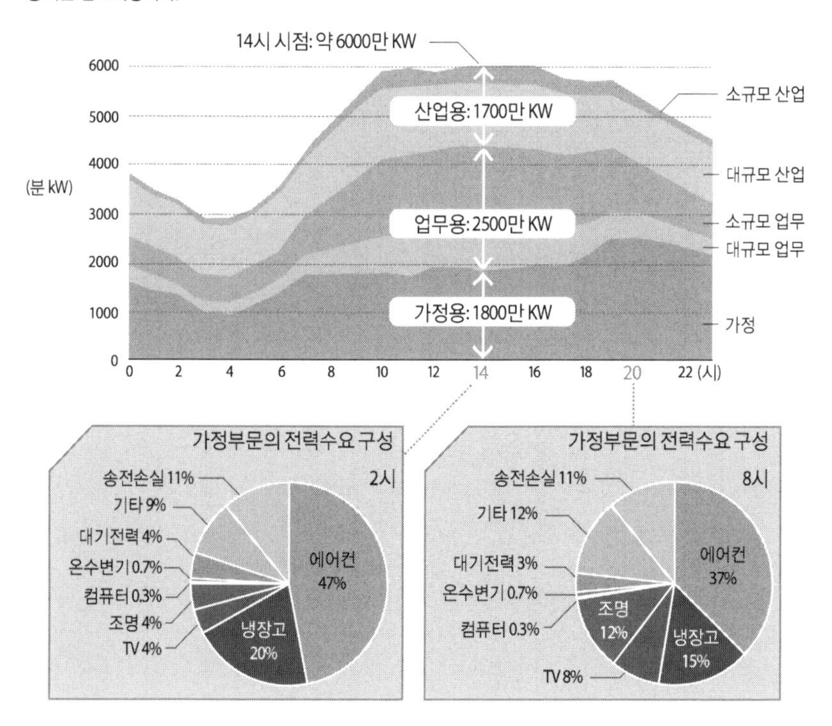

것은 주택이 아니다. 2500만 kW인 업무용, 즉 오피스 건물이다.

오피스야말로 냉방중독, 절전은 여기서부터

낮의 전력 피크에 가장 공헌하고 있는 오피스(그림 2). 오피스 빌딩이야말로 완전무결(完全無缺)한 냉방중독이다. 놀랄 일이지만 여름은 말할 것도 없이 겨울에도 대부분의 빌딩은 열심히 냉방을 하고 있다.

주택과 오피스 빌딩의 결정적인 차이는 무엇인가? 그것은 밀도(density)이다.

오피스는 한눈에 넓어 보이지만 인구밀도가 매우 높다. 오피스의 1인당 바닥 면적은 12㎡ 정도에 지나지 않으며, 120㎡인 주택이면, 10명이 체류하는 셈이다. 인간 자체의 발열량도 1인당 100W 정도로 무시할 수 없지만, 염려되는 것은 낮부터 사용하고 있는 조명과 윙윙거리는 컴퓨터나 프린터 등의

그림 2 오피스의 공조전력이야말로 피크의 주범

업무부문 전체의 시간 변화. 공조가 과반을 차지한다. 그림 1과 동일자료에서

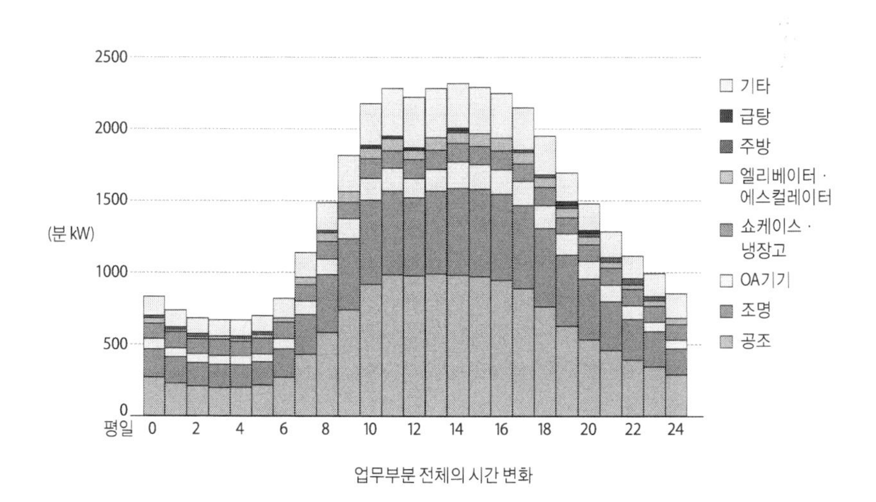

OA기기이다. 컴퓨터는 뭔가 대단한 일을 하고 있는 듯 보이지만 그것은 버추얼(Virtual)한 가상공간에서의 이야기이며 물리적으로는 전기에너지를 열에너지로 부지런히 변환하고 있는 그냥 전기히터에 지나지 않는다.

결과적으로 오피스 내부에서는 방대한 열에너지가 방출되어 열심히 냉방하여 내부의 열을 밖으로 버리지 않으면 농담이 아니라 죽는 사람이 생길 수 있다. 따라서 오피스에서는 겨울에도 냉방이 빠질 수 없다. 이렇듯 한여름에 오피스의 소비전력이 터무니없는 양이 되는 것은 자명한 이치이다. '에어컨의 설정 온도를 28℃로'라는 슬로건은 원래는 오피스를 대상으로 하는 것이다.

한편 주택의 평일(平日) 하루 중에 몇 사람이 있을까? 맞벌이인 경우, 하루 중 방에 있는 사람은 제로가 보통이다. 전업주부나 고령자, 유아가 집에 있는 경우라고 해도 오피스와는 비교되지 않을 만큼 저밀도, 즉 평일 낮부터 고교 야구를 맥주를 한 손에 들고 볼 수 있는 사람은 그리 많지는 않다. 주택에서 냉방 절감에 힘쓴다고 해도 극적인 에너지 절감 효과는 기대할 수 없다는 것이다.

분명히 토요일이나 일요일 낮에는 집에서 고교 야구 관전에 집중할지 모르지만 휴일에는 오피스의 냉방이 가동되지 않기 때문에 전체적으로는 전력 사용이 큰 피크에 이르지는 않는다. 결국 고교 야구 신화는 어차피 신화일 뿐이다. 신경 쓰지 말고 맥주에 고교 야구를 즐기면 된다.

절전을 한다면 우선은 주범인 오피스에 주력하는 것이 합리적이다. 오피스라면 냉방 설정온도의 일률적인 상승, 쿨비즈(Coolbiz) 권장, 조명을 중간중간 끄기, 근무시간 전환 등 회사 전반에 걸친 대책이 가능하므로 즉각 효과가 있으며 절감량도 매우 크다. 피크를 줄이는 것은 주택보다도 우선 오피스에 주력해야 하는 것이다.

정말로 덥다면 필요한 만큼 에어컨 냉방을

그렇다고 해서 오피스에서 일하는 사람들에게만 불편을 강요하라고 하는 것은 있을 수 없다. 주택에서도 할 수 있는 것을 해야 하는 것은 당연하다. 단지 그런 자세는 필요하나 그렇다고 몸을 상해서는 절대 안 된다. 우선은 냉정하게 자신들의 사는 곳을 잘 관찰해주었으면 좋겠다.

교외에 위치하여 주변에 녹지가 충분한 장소라면 여름 한더위에도 넓은 면적에서 증발 냉각효과를 기대할 수 있기 때문에 어떻게든 에어컨 없이도 통풍으로 견딜 수 있을지도 모른다. 그러나 일반적인 주택지라면 이런 쿨 스팟을 가까이에 기대하는 것은 좀처럼 어렵다(상세는 Q.7).

주거 건물은 여름을 가장 중시해야 한다는 것으로 여름 향(向) 또는 여름 중시 집은 세상에 넘쳐나고 있다. 그런데 그 대부분은 통풍(通風)을 좋게 하는 것

을 목표로 하여 여름 중시라고 말하고 있을 뿐이다. 냉방이 잘 되는 것을 확실하게 고려한 에코하우스는 여태 한 번도 보지 못했다. 바람직하지 않은 것은 일절 생각하지 않는다는 참으로 일본인다운 발상이나 이런 생각들의 결과는 큰 비극을 초래한다는 것을 결코 잊어서는 안 될 것이다.

요컨대 합리적인 생각을 확실히 갖는 것. 전력 피크 시에 절전을 진심으로 고려하고 있다면 무더운 날에는 좁은 공간만을 작은 에어컨으로 조촐하게 냉방 가능하도록 설계하는 편이 훨씬 건설적이지 않을까.

Q.2 에어컨 없이 여름을 날 수 있을까?

A 인간은 더위에 강한 동물이며 그것은 땀을 흘리기 때문이다.
온도가 높은 일본의 여름에 냉방 없이는 열중증(열사병) 위험이 있다.

왠지 눈에 거슬리는 에어컨 냉방. 그러면 에어컨 없이 인간은 여름을 지낼 수 있을까. 에어컨 냉방은 사람들의 제멋대로의 이기심이며 사치인 것인가?

인간은 말(馬)만큼 더위에 강하다?

애당초 인간은 더위에 어느 정도 강한 것일까? 우선은 여름 더위에 대해 생각해보자. 왠지 인간은 더위에 약하다고 굳게 믿는 사람이 많지만 실은 인간만큼 더위에 강한 생물은 좀처럼 없다. 여름 마라톤과 같은 한여름 더위에도 계속 달릴 수 있는 것은 인간 외에는 말 정도밖에 없다.

여기에서 더위에 강하다는 의미를 생각해보자. 동물은 기초대사나 운동에 의해 체내에서 열이 발생하기 때문에 그 열을 몸에서 적당히 배출하는 것이 필요하다. 몸을 식히는 것이 불가능하게 되면 체온은 과열되어 간단히 죽게

그림 1 인간은 운동량과 온도에 따라 땀의 양을 조절하여 몸을 식힌다

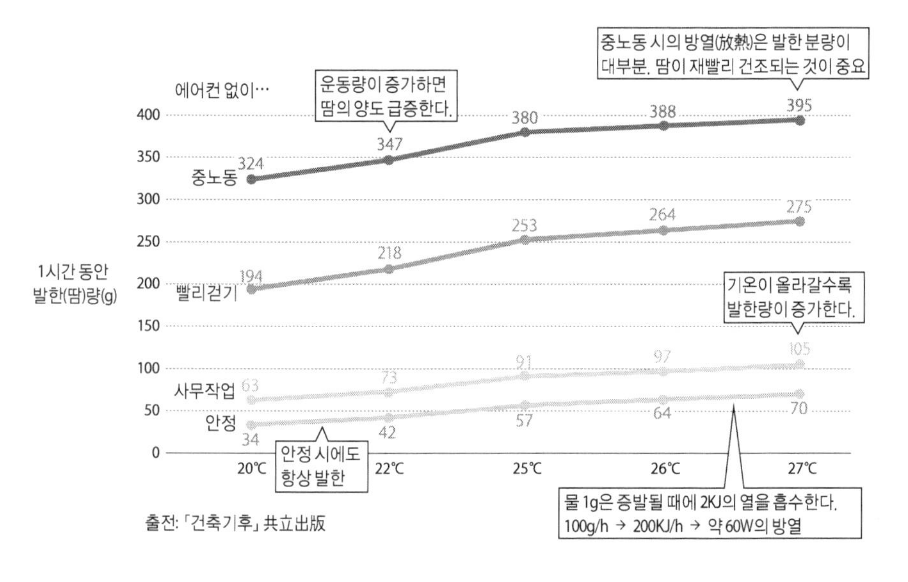

출전: 「건축기후」 共立出版

된다. 따라서 몸을 식히는 능력이 높을수록 더위에 강하다는 것이 된다.

더위에 강한 동물인 인간과 말의 공통점은 체모가 얇고, 발한기능이 발달되어 있다는 것이다. 체모는 머리 이외에 거의 없기 때문에 피부 표면에서 열이 빠지기 쉽다. 이것은 이해가 쉽다.

더 중요한 것은 발한기능, 땀을 흘리는 능력이다. 그림 1을 보자. 인간은 기온이나 운동량의 변화에 따라 흘리는 땀의 양을 변경하는 것이 가능하다. 인간은 기온 20℃ 안정 시의 환경에서는 30g 정도로 발한량은 적지만 기온 27℃에서 중노동 시에는 약 400g 정도의 땀을 흘리게 된다. 땀 속의 물은 말라서 수증기가 될 때에 대량의 열(잠열)을 빼앗아 몸을 냉각시킨다. 체내로부터 대량의 열이 나오는 중노동 시에는 안정 시의 약 10배 이상의 땀을 흘리는 것으로 몸을 강력하게 식히는 것이 필요한 것이다.

인간의 피부에는 땀을 흘리기 위한 땀샘이 다른 동물과는 비교되지 않을 만큼 많이 형성되어 있다. 이 땀샘이 고온 시나 중노동 시에는 실제로 좋은 일을 해주고 있다.

일본의 여름은 아프리카의 여름보다 가혹함

이렇게 땀은 인체를 냉각시켜주는 강력한 무기이지만 이 무기에는 큰 약점이 있다. 그것은 땀은 증발하지 않으면 냉각효과가 없다는 것이다. 땀 속의 수분이 증발해서 수증기기 될 때에 잠열을 빼앗아 인체가 냉각되는 것이다.

땀이 증발되지 않고 물방울로 떨어져버리면 몸을 시원하게 하는 역할을 할 수 없는 것이다.

그림 2는 아프리카와 도쿄의 기온, 습도의 계절 변화를 나타낸 것이다. 세로축은 기온, 가로축은 습도다. 습도를 나타내는 방법은 여러 가지 있지만, 여기에서는 각 온도의 공기가 흡수할 수 있는 수증기의 한계를 100%로 나타내는 상대습도의 형태로 표현하고 있다. 상대습도 50%라고 하면 한계치의 절반 정도의 수증기만 포함하고 있는 건조한 상태이기 때문에 이 공기는 물, 즉 수증기를 더욱 증발시킬 수 있는 여력이 있는 것이다. 한편, 습도 80%의 공기는 한계치에 가까운 수증기 상태이기 때문에 수증기를 더 포함할 수 있는 여력이 거의 없다. 즉, 습한 상태이다.

인류의 발상지인 아프리카는 1년 내내 기온은 높지만 습도는 낮다. 따라서 땀이 나면 바로 건조시켜준다. 이러한 기상조건에 적응하기 위해 인류는 발한

그림 2 **일본의 여름은 땀이 증발하지 않는다**

1일 중에서 기온이 가장 높은 14시의 평균기온. 습도를 월별로 제시하였다. 아프리카 중에서 인류의 화석이 많이 발견되는 에디오피아의 데이터이다.

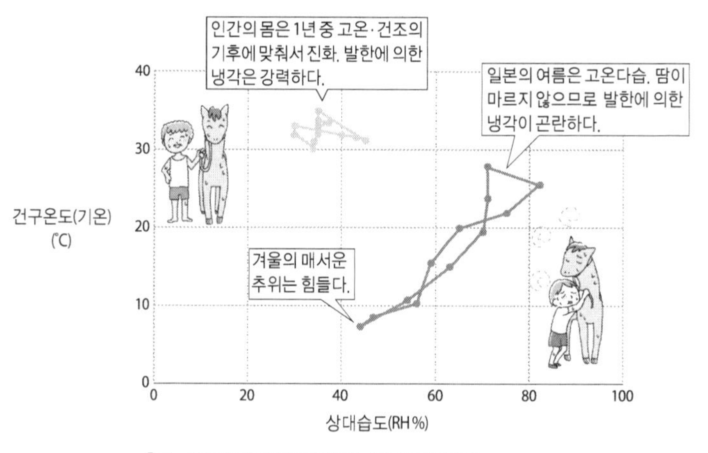

출전: 미국 건물에너지 시뮬레이션용 기상 데이터

기능을 강화시켜온 것이다. 그러나 일본의 여름과 같이 습도가 높은 환경에서는 공기가 원래 대량의 수증기를 포함하고 있으므로 땀이 증발한 수증기를 수용할 여유가 없다. 따라서 땀은 증발되지 못하고 그저 흘러내릴 뿐이다. 햇볕에 탄 피부에서 폭포와 같이 떨어져 내리는 땀은 여름 남자의 상징이지만 실은 단순한 냉각 불량일 뿐이다.

이 관계를 표로 나타낸 것이 Olgyay의 생체기후도(그림 3)이다. 인간이 쾌적하다고 느끼는 온도와 습도의 범위를 나타내고 있다. 습도가 낮으면 높은 기온에서도 견딜 수 있지만 습도가 높은 경우에는 허용 가능한 기온이 크게 낮아지는 것을 알 수 있다. 인류의 DNA에 있어서 일본의 여름은 예상치 못한 상황인 것이다.

너무 덥다면 의지할 것은 에어컨뿐

Olgyay의 생체기후도에서는 바람에 의해 허용 온도가 얼마간 상승함을 보여주고 있다. 그러나 정말 더워지면 아무리 선풍기로 공기의 흐름을 만들어도 해결되지 않는다. 온도와 습도가 모두 높은 위험한 상황에서는 역시 에어컨으로 냉방하여 온도와 습도를 낮출 수밖에 없는 것이다. 2011년 여름에 구급차에 의해 후송된 열사병 환자는 도쿄 23구에서만 2712명에 이르고 있다.

최고 기온의 상승과 함께 환자 수는 증가하고, 환자의 39%는 주택 내에서 발생하고 있다(그림 4). 정말로 더울 때에 대한 대비가 주택에는 불가피하다는 것을 알 수 있다. 고령자는 인체의 온열감이 둔감해져 있기 때문에 특히 더 위험하다. 환자의 40%가 고령자이며 또한 중증화되는 비율이 높게 나타나고 있다.

무턱대고 에어컨을 위험시하는 풍조는 이러한 건강이나 생명의 리스크 측면에서 문제가 많다. 하물며 최근 기온은 상승 경향에 있어 여름의 더위는 더욱 혹독해질 가능성이 높다. 일본의 여름은 혹독하다는 것을 재확인하고 필요하다고 느낄 때에는 무리하지 말고 에어컨을 켜야 한다. 온도와 습도를 동시에 모니터하여 경고해주는 열중증계(**사진 1**)를 휴대하여 열중증의 위험도를 판단하는 것도 유효하다.

그림 3 **인간은 고온다습에 약하다**

Olgyay의 생체기후도. 인간이 쾌적하게 느끼는 기온과 습도의 관계를 제시하고 있다.
(유럽인을 대상으로 조사한 결과)

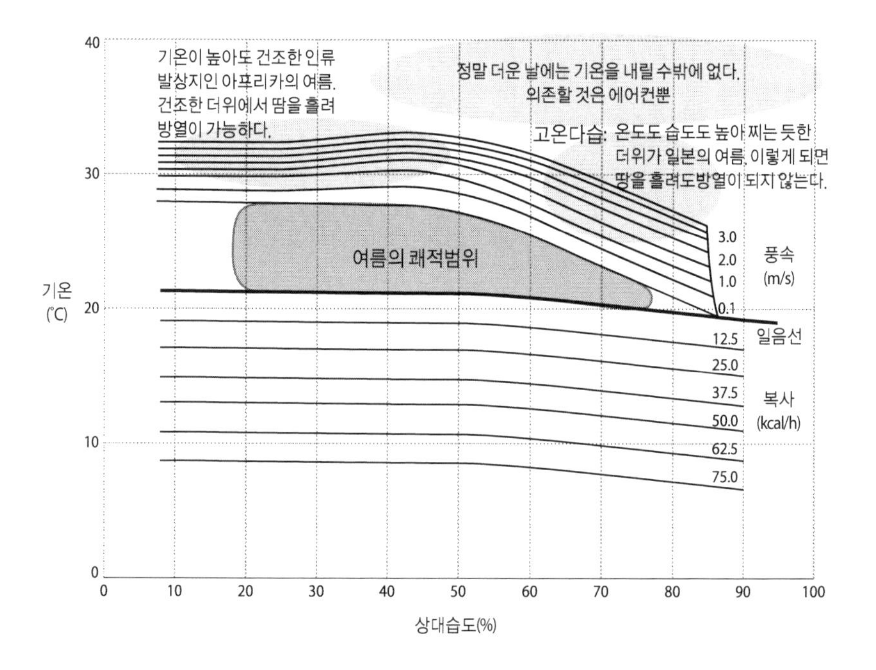

그림 4

열중증은 주택 안이 40%

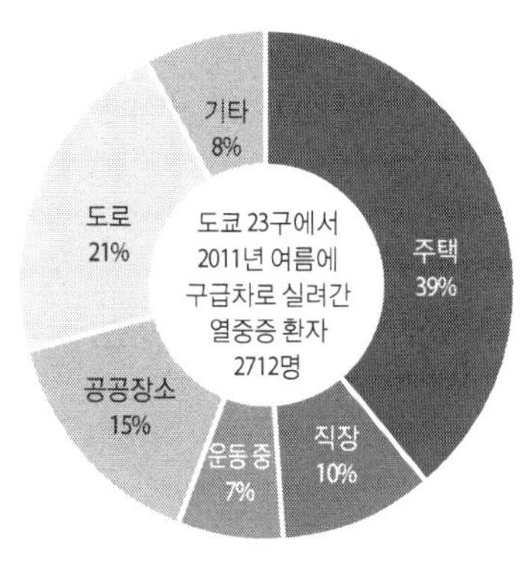

출전: 열중증 환자정보속보
2011년도 보고서, 국립환경연구소

사진 1

무리하면 열중증의 위험

열중증계. 온도와 습도를 동시에 모니터하여
열중증의 위험도를 경고해준다.

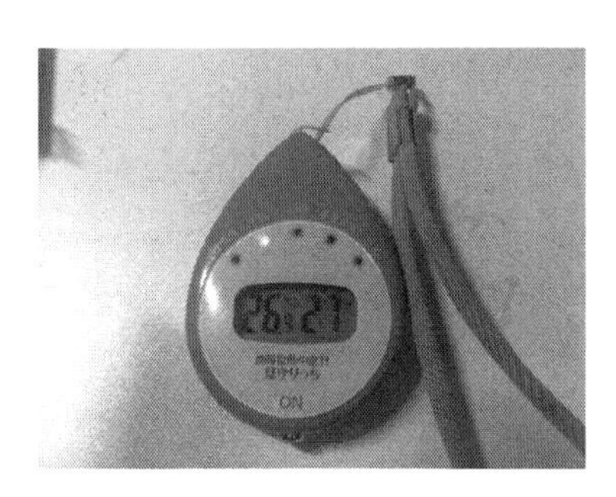

Q.3 냉방이 가장 많은 에너지를 소비?

A 급탕이나 조명, 가전 에너지 등이 훨씬 많다.

지금까지 여름에 전력수요 피크는 오피스의 냉방에 의한 것이 많다는 점, 정말 더울 때에는 에어컨 냉방 외에는 현실적인 대책이 없다고 기술하였다. 그러나 역시 에어컨의 소비전력은 많지 않은가 의아해하는 하는 사람도 많을 것이다. 이 책에서는 (탈선하면서도) 에코하우스를 취급하고 있기 때문에 에너지 소비를 삭감하는, 즉 에너지 절약이 중요한 것은 당연하다. 단지 이미지만으로는 효과적인 에너지 절약은 막연하다. 우선은 냉방 등 각각의 용도가 어느 정도 에너지를 소비하고 있는지 이미지와 현실의 차이를 살펴보도록 하자.

이미지와 실제의 차이

우선은 일반적인 이미지부터 살펴보자.

에너지를 가장 많이 사용하고 있다고 생각하는 용도를 동경이과대학의 이노우에 다카시 교수가 앙케트 조사를 한 결과, 난방/냉방이라고 대답한 사람이 각각 40%에 달하여, 다른 용도를 압도하는 결과를 보였다**(그림 1)**.

이러한 인식은 올바른 것일까? 실은 실제 에너지 소비 조사결과는 크게 다르다**(그림 2)**. 우선은 가장 많은 에너지를 소비한다고 생각하는 난방부터 생각해보자. 홋카이도나 도호쿠, 호쿠리쿠 같은 한랭지에서는 분명 난방에너지 소비가 많다.

그러나 관동 이남에서는 난방 비율은 약 20%에 머무른다. 냉방에너지 소비량은 각 지역에서 매우 적고, 시코쿠나 규슈와 같은 비교적 더운 지역에서도 4%에도 채 못 미친다. 이미지와 현실의 차이가 가장 큰 것이 이 냉방인 것이다.

반대로 에너지 소비가 많은 것은 급탕이나 조명, 가전 같은 수수한 용도인 것이다.

그림 1 냉난방이 에너지를 가장 많이 사용한다고 많은 사람들이 생각하고 있다

에너지를 가장 많이 사용한다고 생각하는 앙케트 결과 온난한 Ⅳ지역(동경 등, p. 93 참고)에 대해 조사. 동경이과대학의 이노우에 다카시 연구실의 데이터를 이용

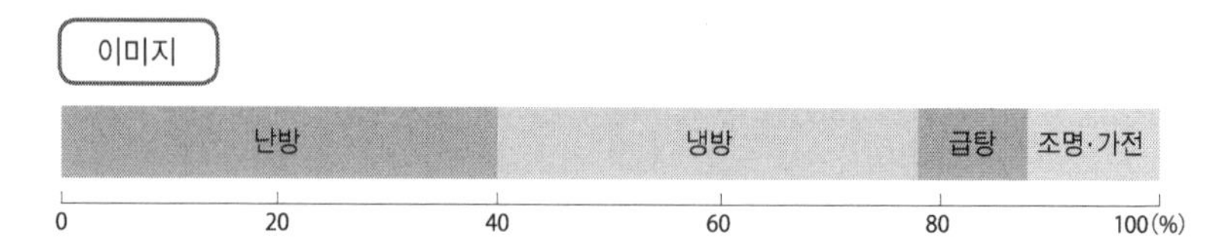

그림 2 냉방은 그다지 많지 않으며, 정말로 많은 에너지는 급탕, 조명, 가전에서 사용

주택에 대한 2차 에너지 소비량 내역(2007년). 가정용 에너지핸드북 2009(주환경계획연구소 편)에서 인용

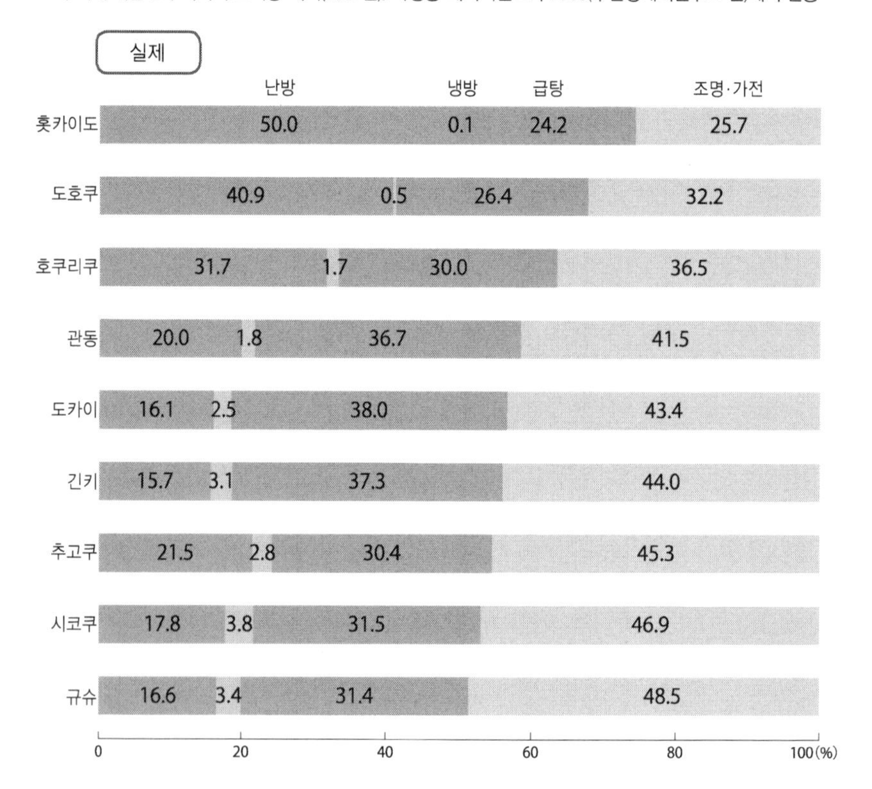

급탕, 조명, 가전은 왜 많나?

왜 냉방의 에너지 소비는 적고 급탕이나 조명/가전은 많은 것일까? 가열, 냉각하는 온도와 기간을 생각하면 이해하기 쉽다(그림 3).

냉방이 필요한 것은 여름의 한정된 기간뿐이며 하루 중에서 사용하는 시간도 매우 짧다. 바깥 기온이 35℃를 넘는 경우는 거의 없고, 실내의 온도도 25℃보다 낮게 설정하지는 않으므로 실내외 온도 차는 기껏해야 10℃ 정도이다. 필요한 시간대에만 집중해서 냉방을 가동하는 경우가 많으므로 사용시간도 최소한으로 억제할 수 있다.

한편 난방의 경우는 외부 기온이 빙점 이하가 되며, 실내외 온도 차가 20℃

그림 3 냉난방 시간은 한정되어 있으나 급탕 및 조명은 통년

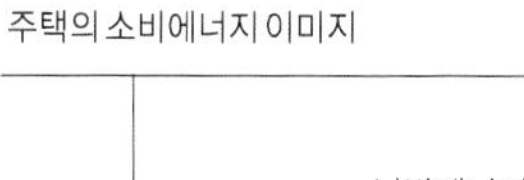

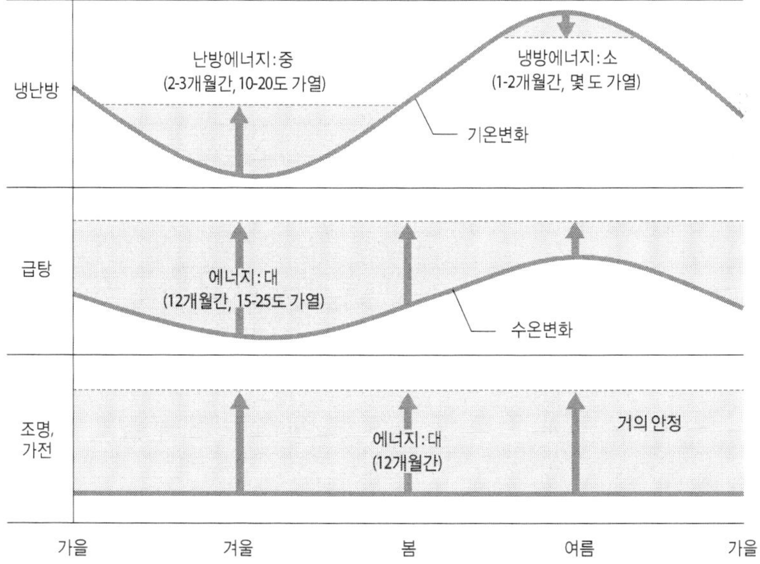

를 넘는 날이 적지 않다. 재실 시에는 켜둔 상태인 경우가 많으므로 사용 시간도 길고, 냉방보다도 많은 에너지가 필요하다. 단지 난방도 냉방도 마찬가지로 특정 계절에만 이용되는 계절 한정 용도이다. 소비되는 에너지에는 자연스럽게 상한이 있다.

이것이 급탕의 경우, 여름철에도 물을 데우지 않고 탕이나 샤워에 그대로 사용하는 일은 거의 없기 때문에 일 년 내내 에너지를 사용하여 물을 가열할 필요가 있다. 조명이나 가전도 일 년 내내 한결같이 사용된다. 이렇게 연간을 통해 소비되는 에너지야말로 실제로는 보다 많은 에너지를 소비하고 있는 것이다.

오해의 원인은 지난달과의 비교, 베이스소비를 간과하지 마라

그러면 왜 냉방이 이만큼 에너지 소비가 많다고 오해하고 있는 것일까?

이러한 차이가 발생하는 이유는 몇 가지 정도 들 수 있겠지만 무엇보다 냉방이 사치라는 이미지가 큰 것으로 생각된다. 에어컨이 본격적으로 보급된 것은 1970년대 이후이다. 옛날에는 불가능했던 것인 가능하게 되었다는 실감이 에어컨을 굉장히 선진적 또는 부자연스러운 것, 사실은 없어도 좋은 것으로 강하게 인식하고 있는 것이 아닐까?

그리고 하나 더, 에너지 사용량을 보여주는 방법, 즉 매월 검침표에도 원인이 있다. 일본은 전기나 가스의 검침이 매월 충실하게 시행되는 국가이다. 전기, 가스, 석유를 용도별로 나눠 사용하고 있는 주택의 경우, 그림 4와 같이 광열비가 발생하여 통지된다.

당연히 가계를 담당하는 주부(남편?)는 매월 검침표에 눈을 번뜩이고 있다.

가스나 등유에 비하면 전기는 에너지당 코스트가 가장 비율이 높기 때문에 특히 주목받기 쉽다. 전기료가 여름철에 갑자기 늘어나는 것이 냉방에너지 소비를 실태 이상으로 크게 보여주고 있는 것은 아닐까?

계절에 따른 변화에만 눈이 가서 연간 내내 발생하는 총량을 간과하고서는 진정한 에너지 절약(비용 절약)은 달성할 수 없다. 여름에 반짝 사용할 뿐인 냉방에 눈꼬리를 치켜떠 봐야 노력에 비해 성과는 적다. 정말 에너지를 절약하고 싶다면 급탕이나 조명 등 연간 내내 발생하는 용도를 억제한 다음, 차후에 난방대책을 강구해야 한다. 냉방에만 집중하여 다른 용도가 등한시되지 않도록 아무쪼록 주의가 필요하다.

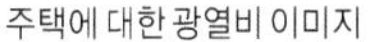
그림 4 전기비는 여름에 증가, 가스비는 완만

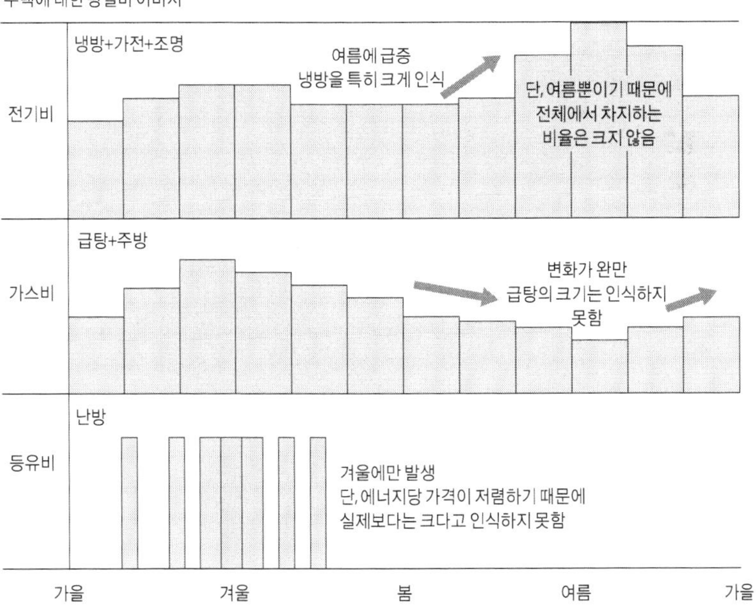

Q.4 주거는 여름을 가장 중시해야 한다?

A 여름과 겨울 어느 쪽을 우선해야 한다면 겨울을 가장 중시해야 한다.

집을 짓는다면 여름에 맞도록 해야 한다. 겨울은 어떤 곳에서도 살 수 있다. 더울 때 잘못 지은 집에서는 견디기가 어렵다. 잘 알려진 요시다 켄코(吉田兼好, 1283~1352) 『도연초(徒然草)』의 한 구절이다. 에코하우스에서 반드시 예로 인용되어 나오는 이 여름을 중시해야 한다(이하 여름 중시). 그러나 실제로는 어떨까?

통풍(通風)만으로는 진정한 여름 중시가 아니다

여름 중시는 실제로 에코하우스 설계에 막대한 해(害)를 초래하고 있다. 해의 첫 번째는 통풍만으로 여름을 보내려고 하는 주택을 양산시킨 것이다. 이러한 여름 중시 주택의 대부분은 커다란 개구부를 널찍하게 열어두고 칸막이 없음+후키누케(수직으로 트인 보이드 공간)의 개방적인 평면이 되고 있다.

하지만 앞에 기술한 것처럼 온도도 습도도 높은 찜통더위의 일본 여름에는 공기를 움직이는 통풍이나 선풍기로는 한계가 있다. 온도와 습도가 몹시 높은 최악의 상황에는 에어컨 냉방이 유일한 살 길이다. 그러나 안타깝게도 에어컨으로 효율 좋게 냉방하는 방법을 신중하게 고려한 사례는 여름 중시 설계에는 찾아볼 수 없다. 이러한 통풍 우선인 에코하우스에서는 에어컨이 이상한 위치에 설치되어 있거나 애당초 에어컨이 설치되어 있지 않기도 하다. 무엇보다 냉방이 정말로 필요한 공간만 분리하는 것이 불가능하다. 결과적으로 냉방하기 위해서는 집 안을 통째로 냉방하지 않으면 안 되어 그렇게 싫어하던 냉방 에너지 증가를 초래하는 아이러니한 결과로 끝나버리는 것이다. Q.3에서 기술한 것과 같이 냉방의 소비전력은 현 상황에서도 눈꼬리를 치켜뜰 정도는 아니다. 항상 사용해서는 안 되는 위험물은 아닌 것이다. 물론 외부환경이 시원하고 양호한 상황에서 통풍이 기분 좋게 가능한 것은 바람직한 일이다. 그러나 필요할 때에 필요한 만큼 냉방이 가능하다는 차선책은 절대로 필요하다. 요시다 켄코도 700년 후의 사람들이 문명의 이기(利器)를 미련 없이 내팽개치고 괴롭게 생활하고 있다고 하면 필시 놀랄 것이다. 그것이 자신의 탓이라고 한다면 몹시 유감스러워하지 않을까? 옛날은 옛날, 지금은 지금이다. 21세기에 있어서 진정한 여름 중시란 통풍과 냉방의 2단(段) 대비라는 것을 아무쪼록 잊지 말아야 한다.

겨울에의 대비는 불가결

여름 중시로의 편중에 의한 두 번째 피해는 여름을 중시한 나머지 겨울에의 대비가 등한시되고 있다는 점이다. 다시 Olgyay의 생체기후도를 살펴보자(그림 1). 앞에서 기술했던 것처럼 인간은 땀이 건조되는 정도의 한더위에는 강하나 저온은 참을 수 없다. 체모가 얇은 인간은 겨울에 방열량(열손실)을 억제할 방도가 한정되어, 기온이 20℃를 넘지 않으면 추위를 느끼게 된다. 인간

그림 1 저온은 참기 어려움

Olgyay의 겨울은 생체기후도, 동계 쾌적범위

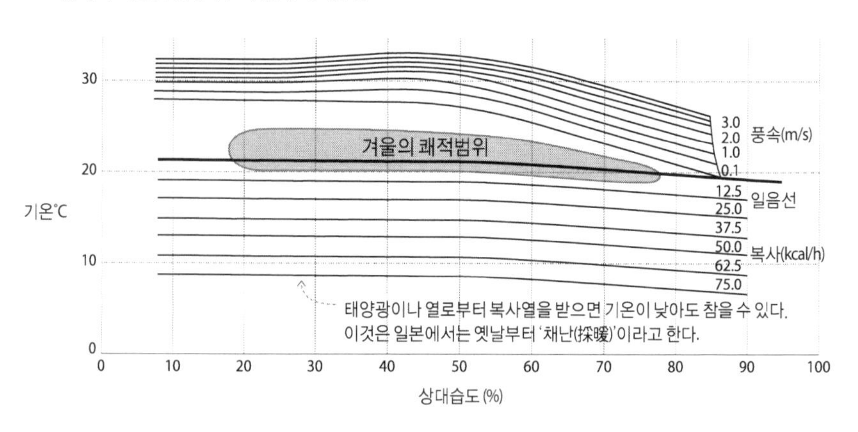

은 늘 여름인 아프리카에서 진화하면서 모피(毛皮)를 벗어버리고 더위에 특화된 생물인 것이다. 추위에는 도무지 어쩔 수 없는 것이다. 세계 주요 도시에 대한 겨울과 여름의 기온 관계는 그림 2와 같다. 도쿄의 여름 더위는 홍콩이나 자카르타, 마닐라 정도이다. 한편 겨울은 파리나 베를린과 크게 다르지 않다. 최근에는 따뜻한 겨울이 많다고는 해도 겨울밤 온도가 영하인 것은 이상하지 않다. 이렇게 일본에서는 여름은 열대, 겨울은 유럽이라는 양극단 기후가 1년 중 싫든 좋든 반복되고 있다. 일본에서 산다는 것은 꽤 가혹한 것이다.

이러한 기상조건과 인간 측의 사정과의 차이를 고려하면 일본의 대부분 지역에서 겨울 추위에 대한 대비가 무엇보다 중요하다는 것은 명백하다. 물론, Q.2에서 설명한 것처럼 일본의 여름도 꽤나 가혹하므로 무시할 수 없다. 그러나 그렇다고 해서 겨울을 경시하는 것은 절대로 금물이다. 여름과 겨울 중 어느 한쪽에 비중을 두어야 한다면 일단은 겨울을 우선해야 한다.

그림 2 **파리에 못지않은 추위라는 것을 명심하라**

세계 주요 도시에 대한 겨울과 여름의 기온을 비교. WMO(세계기상기관)의 데이터베이스로부터, 1971년 이후 2000년까지의 2월과 8월의 평균치

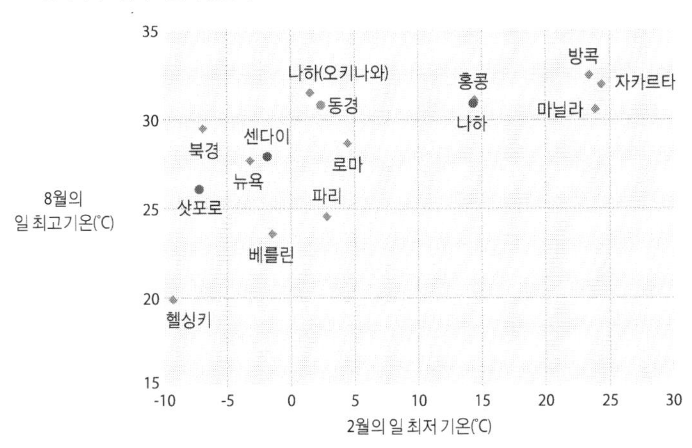

Q.5 선택한다면 하이파워 에어컨?

A 큰 냉방능력은 효율이 좋지 않다.
작은 에어컨으로 효율 좋게 냉방할 방법을….

앞에서 정말로 여름을 중시한 집이란 에어컨으로 필요한 만큼 냉방 가능한 집이라고 기술하였다. 가능한 한 효율 좋게, 적은 전력으로 냉방하기 위해서는 어떤 에어컨을 고르면 좋을까?

우선은 APF가 높은 에어컨을 고르자

우선은 무엇보다 저전력으로 많은 열을 제거해주는 에너지 효율이 높은 에어컨이 바람직하다. 여기서 에너지 효율은 연간 에너지 효율(APF, Annual Performance Facter)이라 하며, 카탈로그에 반드시 기재되어 있다. 이 APF 수치가 클수록 단위 전력당 처리 가능한 열량이 많으므로 좋은 제품인 것이다.

그러면 사이즈는? 어차피 설치한다면 큰 에어컨을 묵직하게 1대? 여기서 잠깐 냉방능력별 APF 수치를 체크해보자(그림 1).

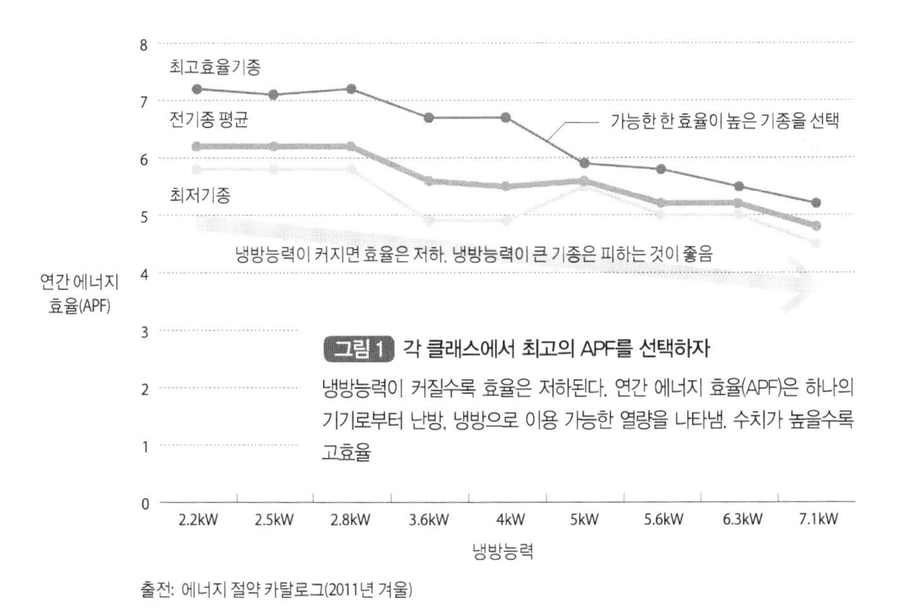

그림 1 각 클래스에서 최고의 APF를 선택하자

냉방능력이 커질수록 효율은 저하된다. 연간 에너지 효율(APF)은 하나의 기기로부터 난방, 냉방으로 이용 가능한 열량을 나타냄. 수치가 높을수록 고효율

출전: 에너지 절약 카탈로그(2011년 겨울)

이렇게 보면 냉방능력이 큰 기종일수록 APF가 낮아지고 있다는 것을 알 수 있다. 즉, 에너지 효율이 낮다는 것을 알 수 있다. 실은 에어컨의 실내기나 실외기 사이즈는 냉방능력만큼 크게 차이는 나지 않는다. 5.0kW의 기종이 2.5kW의 기종보다 2배 큰 것은 아니다. 특히 실내기는 일본 가옥의 기둥 사이에 알맞게 들어가도록 폭 800mm 이하로 제한되고 있다. 자동차로 말하자면 전 기종이 경자동차의 차폭으로 제한되고 있는 셈이다.

즉, 능력이 큰 에어컨이라는 것은 트랜스미션이나 타이어와 같은 바퀴 주변 장치는 경자동차인 채로 엔진파워만 커지게 된 것과 마찬가지인 것이다. 전체적으로 밸런스가 좋지 않으니 에너지 효율이 떨어지는 것은 당연하다.

이런 점을 고려하면 에어컨을 선택할 때는 소형 기종에서 APF가 높은 기종을 선택하는 것이 최선이다. 냉방 기능 2.5kW 정도의 기종이 코스트와 성능 밸런스가 가장 좋다는 것은 그런 이치에서 온 정보다. 능력이 작아서 불안할지도 모르지만 애당초 한 대의 에어컨으로 집 안을 냉방하는 것은 효율적이지 않다. 확실하게 일사가 차단된 집이라면 작은 에어컨으로 충분하다.

정체도로를 느릿느릿 달리는 스포츠카

고회전형은 저부하(부분부하) 시에 효율이 떨어진다.

≒

느릿느릿 가동되는 하이파워 에어컨

한 가지 더 중요한 점은 에어컨이 풀 파워로 가동될 때는 그다지 많지 않다는 것이다. 대부분은 풀 파워의 절반 이하로 부분적으로 가동하고 있는 것이다. 하이파워 에어컨은 이러한 부분부하 시에 효율 저하가 크다. 고회전형 스포츠카로 정체된 도로를 달리면 최악의 연비가 된다는 것은 쉽게 이해할 수 있다. 반대로 이러한 부분부하 영역에서의 효율 향상이 고려되어 있는 기종은 실제 사용 시에 효율 향상이 기대되므로 특히 추천한다. 듀얼 컴프레서 탑재 기종 등이 여기에 해당한다.

검소한 냉방이 가능한 플랜을

그러면 소형으로 에너지 효율이 높은 에어컨을 고른다고 치고, 집은 어떻게 설계하면 좋은 것일까? 앞에 서술했듯이 여름 중시인 에코하우스의 대부분은 결국 통풍만을 고려하고 있는 것에 지나지 않는다. 그러나 정말 찌는 더위에 냉방은 어찌 되었든 필요하다. 플랜을 결정할 때에는 통풍뿐만 아니라 냉방을 할 때에 효율 좋게 냉방하는 것도 확실히 염두에 두기 바란다.

난방과 비교하여 냉방은 유리한 점이 하나 있다. 에어컨으로 식혀진 공기는 무겁기 때문에 알맞게 사람이 있는 아래쪽에 형성된다. 따라서 후키누케(수직 보이드 공간)가 있는 경우라도 집이 잘 냉각되지 않는다는 문제는 일어나기 어렵다. 단지 완전하게 모든 방이 연결된 공간에서는 당연히 문제가 생긴다. 냉기는 1층에 쌓여버리므로 2층에 침실이 있는 경우는 좀처럼 냉방하기 어렵다(그림 2). 이 경우는 1층으로 피난하게 된다. 뭐 때로는 가족이 함께 거실에서 같이 자는 것도 나쁘지 않을지도 모르지만….

게다가 에어컨으로 공조하는 데 있어서 어려움은 냉방보다도 난방에서 확실히 드러나게 된다. 그것은 다시 뒤쪽 (Q.11)에서 다루도록 하겠다.

그림 2 후키누케의 상부는 맹점

후키누케 공간을 에어컨으로 냉방하면 냉기가 1층으로 내려오기 때문에 2층은 좀처럼 냉방이 되지 않음. CFD(수치유체계산)의 시뮬레이션 결과

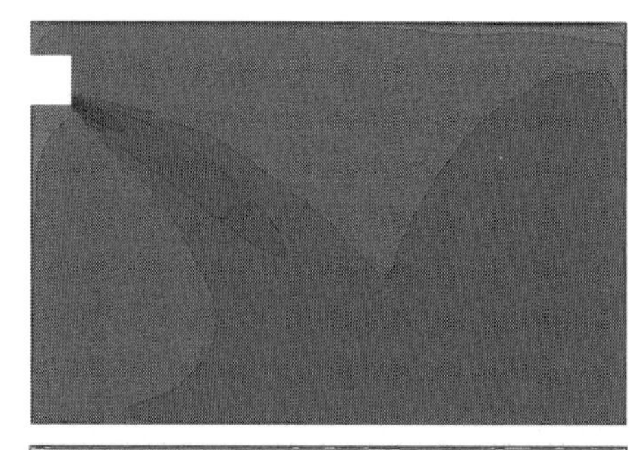

A 통상공간을 에어컨으로 냉방

취출된 공기는 22도, 풍량은 300m³/h, 실 전체가 골고루 냉방된다.

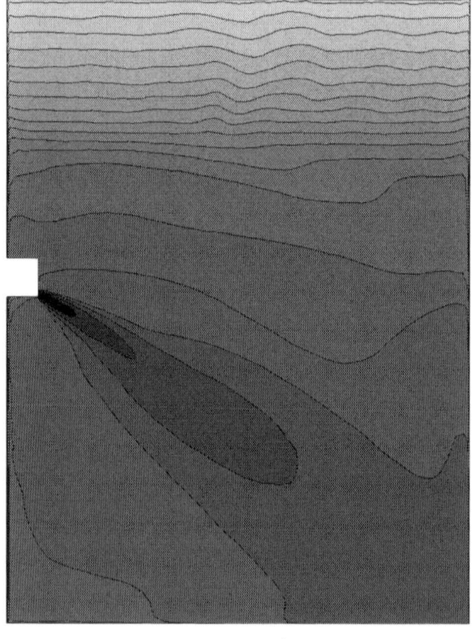

B 후키누케 공간을 에어컨으로 냉방

취출된 공기는 15도, 풍량은 300m³/h, 냉기는 무겁기 때문에 밑으로 하강하여 상층은 전혀 냉방이 되지 않는다.

1층 공간 : 3.6m × 3.6m × 높이 2.4m
후키누케 공간 : 3.6m × 3.6m × 높이 4.8m
각 실의 단열성능은 등급 4레벨
난방기기의 취출풍량은 일정하다.

22.0 23.0 24.0 25.0 26.0 27.0 28.0 29.0 30.0 31.0 32.0 33.0 34.0

온도(℃)

냉방에 최소로 필요한 전기는 몇 W?

냉방을 검소하게 실행하기 위해서는 바닥에 쌓인 냉기가 평면 방향으로 확산되는 것을 방지하는 것이 중요하다. 각 방을 칸막이 하는 것이 가능하다면 냉방이 필요한 때에 가족 모두가 방 하나에 모여서 그곳만 최저한으로 냉방할 수 있다. 그렇게 하면 필요한 전기는 극히 일부로 끝낼 수 있다. 애당초 인간에게 발생하는 열을 식히는 것뿐이라면 냉방에 많은 전력은 필요가 없다. 앞에 설명한 대로 한 사람이 발생시키는 열은 안정 시에 100W 정도이다. 에어컨의 에너지 효율 APF를 낮추어 4로 잡아도 필요한 전력은 100W÷4 = 25W가 된다. 백열등 1개의 소비전력인 60W의 절반밖에 되지 않는 것이다.

물론 벽이나 천장에서도 열은 침입해오고 환기에 의해서도 열이 유입된다. 그러나 냉방은 난방과 비교하여 실내외 온도 차는 작으므로 그러한 열부하도 그만큼 크지는 않다. 내부 발열 억제, 일사 방지, 필요한 최소한의 공간만 냉방하는 것이 가능하다면 사람을 시원하게 할 정도의 냉방에는 그다지 많은 전기가 필요 없다는 것을 이해하게 될 것이다.

태양광 발전과 궁합이 좋은 에어컨 냉방

만약 지붕에 태양광 발전(PV)이 설치되어 있다면 더욱 안심하고 에어컨 냉방을 사용할 수 있다. 실은 PV와 냉방은 궁합이 최고이다. 냉방 이외의 용도인 조명이나 난방은 밤이나 겨울에 태양광이나 열이 부족하기 때문에 별도의 전기가 더 필요하게 된다. 안타깝게도 그 중요 시간대에는 태양의 힘도 쇠퇴하여 PV 발전량이 최저가 되므로 결국은 발전소로부터 공급받는 전기에 의존할 수밖에 없게 된다. 한편 냉방은 태양이 남아돌고 있는 여름 낮에 필요하게 된다. 태양에너지가 흘러넘치고 있으므로 PV 발전량도 충분하다. 충분한 발전량의 일부를 거리낌 없이 에어컨에 사용하면 되는 것이다.

단지 정전되었을 때에는 당연히 에어컨은 포기하는 것이 좋다. PV의 전기만으로 에어컨을 가동하는 것은 일단 무리다. 축전지를 켰다고 해도 공급 전력에 한계가 있다. 에어컨의 냉각 능력은 압축기를 구동하는 큰 모터가 책임지고 있지만 이 모터가 처음 가동될 때에 순간적으로 큰 전류(돌입 전류)를 필요로 한다. 안타깝게도 PV의 파워콘이나 축전지의 출력 정도로는 이 돌입 전력을 전부 커버하기에는 파워가 부족하다.

통풍과 냉방의 밸런스

반복되는 이야기지만 주변에 집으로 둘러싸여서 쿨 스팟이 발견되지 않는 주택지에서 정말로 여름을 중시한 집이란 여차하면 약간의 전력으로 냉방을 할 수 있어 건강과 생명을 지키는 것이 가능한 주택이다. 이데올로기나 독단을 우선으로 하여 그곳에 사는 사람을 위험에 방치해서는 주택이라고 할 수 없다. 설계 시에는 통풍의 상쾌한 바람뿐 아니라 에어컨에서 불어나와 바닥에 쌓이면서 확산되어 가는 차갑고 무거운 공기의 흐름을 반드시 이미지화해주길 바란다. 아무쪼록 냉방이 불가능한 집이 되지 않도록 주의, 또 주의해야 한다.

제2장

여름에의 대비

겨울이 중요하다고 말해도 역시 여름에의 대비는 신경 쓰이는 법. 실은 여름에의 대비는 그렇게 어렵지 않다. 여름을 시원하게 나기 위해 우선은 실내로 침입해오는 열을 줄이는 것이 우선되어야 한다. 바람에 대한 기대는 어느 정도만. 냉정한 대지분석과 디테일을 잊지 말고….

Q.6 더위 대책은 설계단계부터 완벽하게?

A 여름에의 대비는 후속작업으로도 훌륭하다.
내부 발열도 일사열도 완성 후의 대책으로 효과를 발휘한다.

집은 겨울에 맞도록 해야 한다고 큰소리를 치긴 했으나 요즘 세상에 여름에 시원한 집을 생각하는 것은 역시 선량한 시민으로서의 당연한 책무이다.

역시 집은 여름! 시원한 집이라고 하면 통풍이니까 정석(定石)인 개방적인 후키누케(수직 개방공간)와 큰 창을.

아니, 잠깐 기다려 주시길. 우선은 집 안이 더워지지 않도록 실내에서 발생하는 내부 발열이나 밖에서 침입하는 일사열을 방지하는 것이 냉방도 고려하는 진정한 여름 중시에서는 불가결. 이 내부 발열과 일사열이라는 두 가지의 열에 관해 생각해보자.

전자레인지의 법칙 열량(J)=와트(W) x 시간

열 문제를 생각하기 전에 우선 그 단위를 확인해두고 싶다. 전력에서 자주 사용되는 와트(W)는 1초간에 1줄(J)의 에너지를 가진다는 것을 가리킨다. 줄(J)이라 하면 감이 오지 않겠지만 음식의 칼로리(cal)와 마찬가지이다. 1cal는 대개 4.2J에 해당하므로 삼각김밥 200kcal는 840KJ에 상당한다. 실은 학술적으로는 줄(J) 쪽이 정통단위로 칼로리는 사도(邪道). 해외에서는 음식의 열량도 줄로 표기되어 있는 경우가 많다.

에너지의 양은 와트가 클수록 또 시간이 길수록 커진다. 편의점 도시락에는 전자레인지로 데우는 기준으로 500W에서 1분 30초, 1500W에서 0분 30초라고 와트와 시간이 반드시 세트로 쓰여 있다(사진 1). 따라서 이 도시락을 데우는 데에 필요한 에너지는 다음과 같이 계산할 수 있다.

500W × 90초 = 1500W × 30초 = 45000J = 45kJ

사진 1 전자레인지는 와트×시간

편의점 도시락에는 전자레인지의 가열 능력(와트)과 필요한 가열시간이 쓰여 있다.

전자레인지의 순간 파워가 500W라도 1500W라도 시간으로 조절하고 있으므로 필요한 에너지는 45kJ로 같다.

즉, 필요한 에너지의 양(전력량)은 순간 파워만으로는 알 수 없다. 몇 초, 몇 분, 몇 시간이라는 시간차원이 있어야만 비로소 알 수 있다. 이 전자레인지의 법칙이라는 것을 그대로 단위로 표현한 것이 와트시(Wh). 1Wh = 3.6kJ로 환산하면 된다.

내부 발열 박멸! 마라톤 가전을 주목하라

자! 여기서부터 본 주제이다. 오피스 빌딩부분에서 다루었던 것처럼 컴퓨터든 텔레비전이든 가전이 소비한 전기에너지는 최종적으로 모두 열이 되어 버린다. 즉, 여름 무더위 속에서 집 안에 히터를 틀어 놓고 있는 셈이다. 이러한 내부 발열의 박멸은 절전과도 연결되어 일석이조(一石二鳥)이다.

그러면 집 안의 가전은 어느 정도의 열을 방출하고 있는 것일까? 그림 1을 보자. 밥솥이나 드라이어와 같이 큰 히터를 내장한 기기, 세탁기나 청소기와 같이 큰 모터를 내장한 기기는 와트가 커지기 쉽다. 그렇지만 눈꼬리를 치켜뜰 정도는 아니다. 이것들은 단시간만 가동하는 스프린터 가전이다. 전자레인지의 법칙에서 사용시간을 가미한 전력량(=발열량)으로 보면**(그림 2)** 이것들은 모두 해당 밖이라는 사실을 알 수 있다.

정말로 주목해야 할 것들은 냉장고나 조명/텔레비전 등과 같은 장시간 계속 가동되는 마라톤 가전들이다. 이런 기기들이야말로 모르는 사이에 꾸준하게 전기를 소비하기 때문에 주의가 요구된다.

그림 1 와트로만 비교 불가

가전의 소비전력 비교. 이것은 순간의 와트로만 표시. 사용시간이 긴 기기가 더 위험

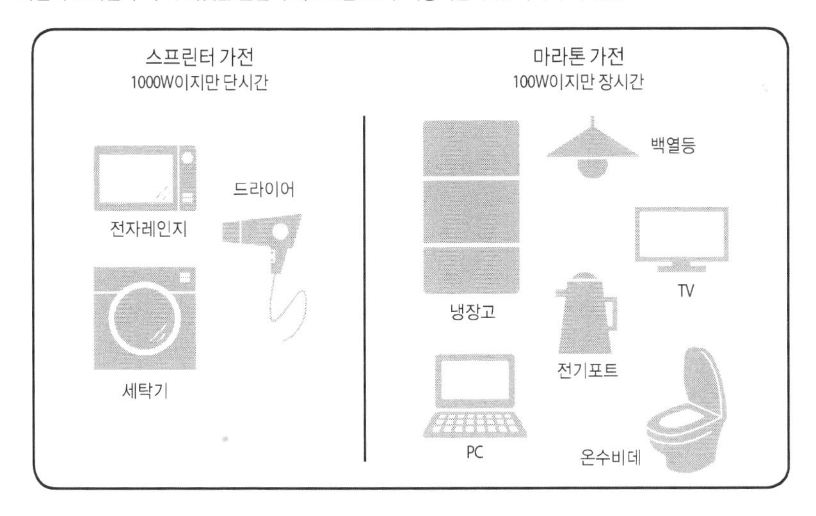

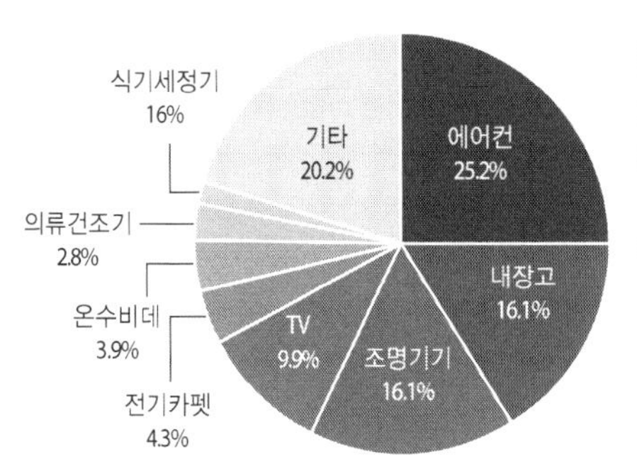

그림 2 '마라톤가전'은 소비전력이 '大'

가정의 소비전력 비율. 와트가 작아도 사용시간이 긴 냉장고, 조명, TV 등은 소비전력량이 크다.

에너지센터, 에너지성능카탈로그 2011년 겨울판

내부 발열 100W로 온도는 몇 ℃ 오르나?

그러면 열이 실내에 방출되면 공기는 얼마만큼이나 뜨거워질까? 계산이 간단한 숫자로 100W로 몇 ℃ 공기 온도가 올라갈지를 생각해보자. 1시간은 60분, 1분은 60초이므로 100W, 1시간의 에너지양은

100W×60분×60초 = 360000J = 360kJ이 된다.

한 변이 1m인 입방체에 포함된 공기, 즉 1㎥의 공기를 1℃ 따뜻하게 하는 데에는 어림잡아 1.2kJ의 열이 필요하다. 40㎡의 LDK의 천장 높이가 2.5m라 하면, 공간의 넓이는 40×2.5 = 100㎥가 된다.

360kJ ÷ 1.2kJ / (℃ · ㎥) ÷ 100㎥ = 3℃

즉, 100W로 1시간 데우면 이 꽤 넓은 방 전체의 공기 온도가 3℃ 올라가게 된다.

그러면 집 안에서는 얼마만큼의 발열이 있는 것일까? LDK에 위치한 가전은 특히 사용하지 않을 경우에도 냉장고나 전기포트는 상시 ON으로 대기상태이고 거기에 TV, 조명, 컴퓨터가 더해지면, 500W 정도는 간단히 되어버린다. 그리고 잊어서는 안 되는 것이 인간 자신도 충분한 발열원이라는 사실

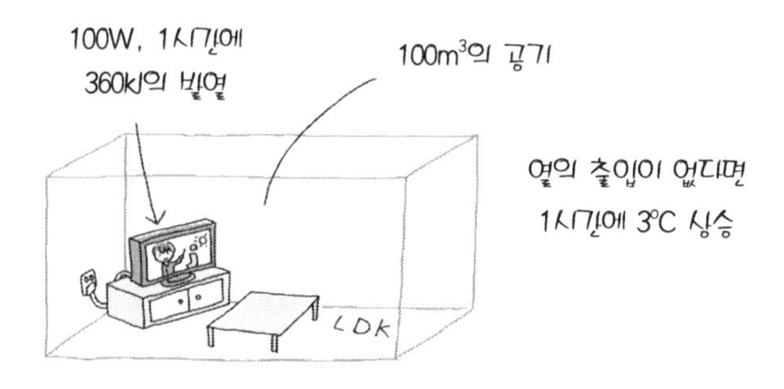

이다. 인간은 안정 시에도 약 100W 정도의 열을 발생하고 있다. 이렇게 생각해보면 가전(家電)과 가족만으로도 내부 발열의 합계는 1000W 정도에 간단하게 도달해버린다는 것을 알 수 있다.

그러면 온도 상승은 100W 1시간에서 3℃였으니까, 1000W 1시간이면 온도상승도 3℃의 10배로 30℃? 설마, 그렇게나? 그렇다. 공기는 열을 흡수하는 능력(비열)이 작기 때문에 열을 받으면 순간적으로 뜨거워져 빨갛게 익어버리는 것이다.

물론, 실제 공기는 벽이나 바닥에 빼앗기는 열전달(熱傳達)과 환기, 통풍에 의해 밖의 공기로 교체되므로 실온의 상승은 좀 더 적게 된다. 그렇지만 공기를 데우는 데에 대단한 열이 필요 없다는 것은 충분히 이해해두는 것이 중요하다.

여름에 실내를 시원하게 유지하기 위해서는 이러한 내부 발열을 가능한 한 줄이는 것이 가장 현명한 대책이다. 텔레비전이나 냉장고를 절전 기종으로 바꾸는 것도 좋다. 특히 백열등은 밝기에 비해 전기를 과다하게 소비하기 때문에 피해야 한다. 또한 텔레비전이나 컴퓨터는 화면이 뜨거워져 복사열로 얼굴이 익기 때문에 주의가 필요하다. 전자레인지의 법칙을 잊지 말고 와트와 사용시간을 분석하여 발열량이 큰 가전을 적발하길 바란다.

서측 창은 작게 작게

그런데 내부 발열의 대책을 세운 후에도 아직 난적이 남아 있다. 그것은 기운 넘치는 여름의 태양이다.

태양고도가 가장 높은 여름이 시작되면 가장 두려워할 것은 서측 일사이다. 여름철은 태양고도가 높기 때문에 태양은 북동에서 떠올라 북서로 진다. 그 사이에 동측면, 서측면에 강렬하게 내리쬔다. 그림 3과 같이 하지에 서측면 1㎡에 입사하는 일사량은 최대 600W에 달한다.

서측면에 가로, 세로 2m(면적 4㎡)인 창문을 설치할 경우, 유리의 투과율이 80%라고 하면, 유입되는 일사의 강도는, 600W/㎡×4㎡×0.8 ≒ 2000W에 이른다.

창문 하나에 입사하는 서측 일사만으로도 앞에 설명한 가전(家電)과 가족(家族)의 내부 발열을 합친 1000W의 2배에 달하고 있다는 것을 알 수 있다. 정말로 무시무시한 서측 창의 석양(夕陽)이다.

물론 동측면도 아침에 태양이 강하게 내리쬐지만 날이 밝고 난 직후의 시원한 새벽에 국한되기 때문에 서측 일사에 비하면 그나마 참을 만하다. 정오가 지난 오후의 열기가 남은 상황에서 가족들이 귀가하여 사람이 많은 방에 저녁에 내리쬐는 서측 일사야말로 정말로 위험한 것이다.

이 공포의 서측 일사는, 거의 바로 옆에서 들이치기 때문에 웬만한 차양도 전혀 기능을 하지 못한다. 정말 몹시 성가신 존재다. 유리창 내측에 부착된 내측 블라인드나 커튼은 창문의 내측에 일사가 일단 입사된 후에 뒤늦게 되돌려 보내려고 하기 때문에 실내에 대량의 열이 남아서 효과는 매우 낮다. 일사를 창문 밖에서 차단하는 외측 블라인드가 가장 유효하지만 강풍 시의 대책이나 비용을 고려하면 좀처럼 적용하기 어렵다. 결국 서측에는 창문을 가능한 한 설치하지 않는 것이 가장 좋다는 결론이 된다. 통풍을 위해 서측에 창문을 크

그림 3 서측에 입사하는 일사량은 최대 600W/m²

하지, 춘/추분, 동지에 각 방위의 벽에 입사하는 일사량. 서측면에 하지, 춘추분에 강한 일사가 유입되지만 동지에는 일사를 거의 기대하기 어려움. 남측면에는 하지에는 일사가 그다지 유입되지는 않지만 춘/추분과 동지에는 상당한 일사가 유입되기 때문에 일사차폐와 일사취득의 밸런스가 중요하다.

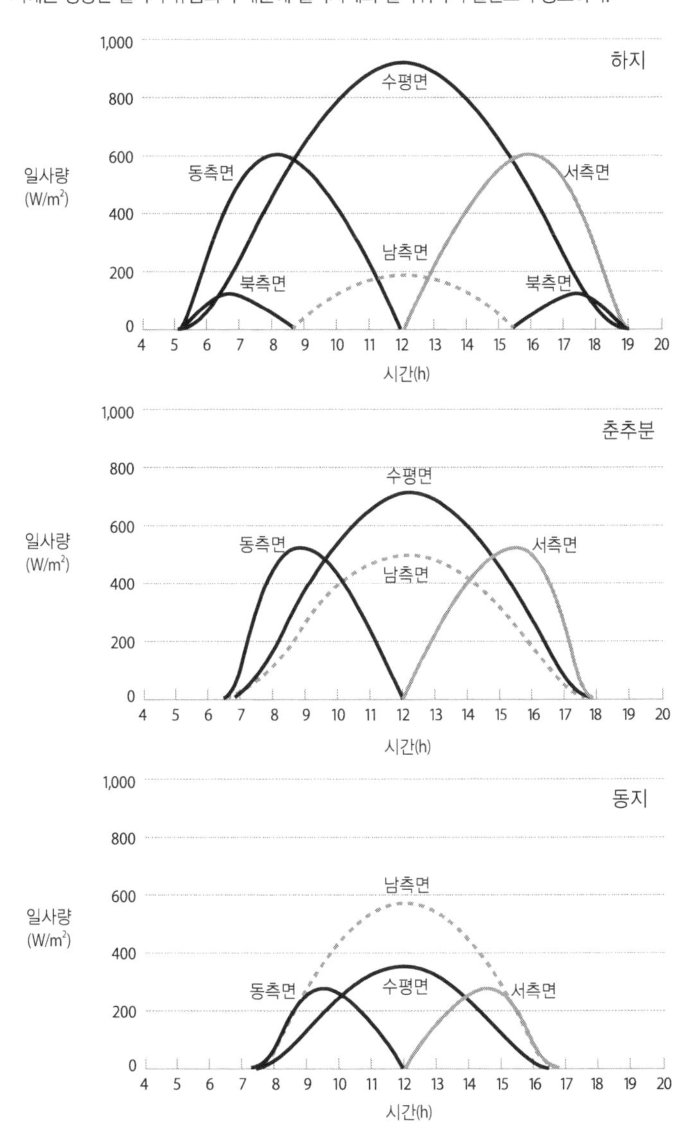

게 설치하는 일이 없도록 주의해야겠다.

남측 창은 여름과 겨울의 밸런스를….

서측 창 다음으로 남측 창을 생각해보자. 태양고도가 최대가 되는 하지에는 태양이 남중하여 머리 위에 위치하기 때문에 남측 면에 입사하는 일사량은 그다지 많지 않다. 단지 가장 더위가 극심한 때는 태양고도가 약간 낮아지는 8월, 9월이기 때문에 역시 어느 정도의 일사차폐에 대한 대책이 필요하다.

시중의 에코하우스 중에는 여름의 일사차폐를 중시한 나머지 너무 긴 차양이나 큰 툇마루나 썬룸과 같은 완충공간을 설치하는 경우가 많다. 그러나 이것도 너무 과하면 역효과가 난다. 분명히 여름에는 일사를 완전 차단할 수 있으므로 시원하고 쾌적하다. 그러나 태양은 여름은 적(敵)이라도 겨울은 친구(友)이다. 겨울에 귀중한 일사를 차단해버리면 실내가 추워져 난방에 필요한 열부하가 증가하게 된다. 남측 면의 창은 여름은 수비, 겨울에는 공격하는 두 가지가 모두 기대되는 미드필더여야 한다. 공수(攻守)의 밸런스가 요구되는 어려운 포지션이다.

가장 간단한 방법은 겨울의 일사 취득을 방해하지 않는 정도의 차양을 설치해두고 일사가 신경 쓰이는 시기에는 발이나 차양막을 매다는 것이다. 발은 외측 블라인드 못지않은 강력한 일사차폐 장치이다. 가격도 싸지만 철거도 간단하다. 차양과 같이 나중에 조정할 수 없는 건축적인 대책은 리스크를 고려하여 적당하게 적용해야 한다. 손쉽게 변경할 수 있는 생활의 지혜를 잘 살리는 것이 좋다.

여름의 대비는 후속 대책으로 충분

반복하지만 사람이 있는 한, 가전이 전기를 소비하는 한, 일사가 창으로 들어오는 한, 실내 공기는 밖의 공기보다도 반드시 고온이 된다. 단지 앞에서 설명한 것처럼 이러한 내부 발열과 일사열의 문제는 가전의 절전이나 일사차폐라는 후속 대책으로 충분한 효과를 기대할 수 있다. 즉, 반드시 건축적인 대책에만 의존할 필요는 없다. 여름의 대책에 너무 집중해서 겨울에 일사취득이 불가능하면 오히려 역효과. 여름의 대비는 후속 대책으로도 충분하다는 마음으로 어깨에 힘주지 말고 적당히 하면 된다.

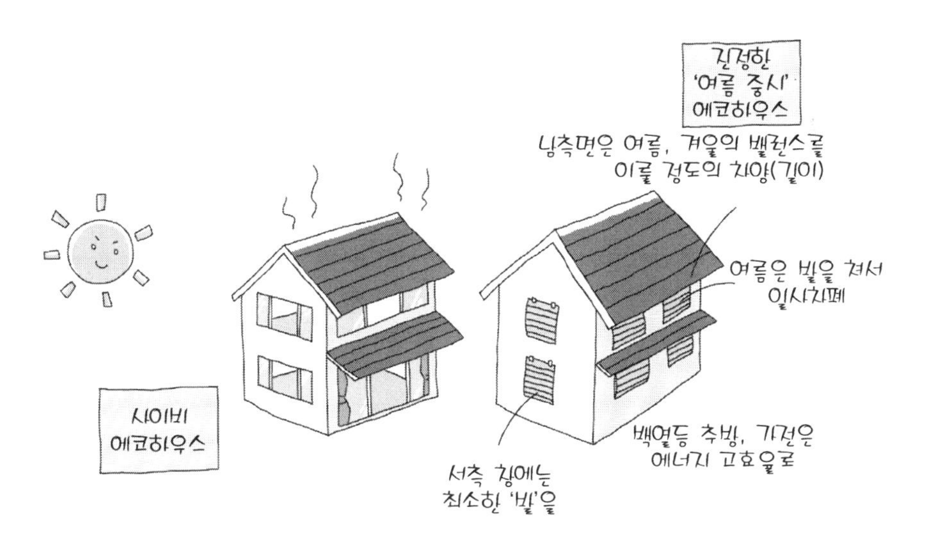

Q.7 통풍은 시원하다?

A 통풍으로 시원한 것은 좋은 대지 조건이 아니면 어렵다.

에코하우스의 설계에서 최고로 중시되고 있는 것이 통풍(通風)이다. 건축 평면, 단면도 위에 춤추는 화려한 바람(기류)의 선(線)은 이미 기본이다. 건축가가 애용하는 수직 보이드 공간(후키누케)도 통풍을 위해서라고 설명하는 경우가 많다. 그렇게 통풍은 시원한 것일까?

시원한 공기를 찾아라!

통풍의 목적은 주로 다음의 2가지이다. ① 공기의 움직임(氣流)으로 인체로부터의 방열(放熱)을 촉진한다, ② 실내에 정체된 열을 배출하여 실내 온도를 낮춘다.

①은 Q.2의 Olgyay의 생체기후도에도 제시되어 있으며 비교적 이해하기 쉬운 효과로 채량(採涼)이라고도 한다. 어느 정도의 풍속(風速)이 필요하나 자

그림 1 통풍을 위해 전제되어야 할 조건

조건 1 맑고 시원한 바람이 불어온다.
- 주변에 녹지가 충분히 조성되어 있을 경우에는 맑고 시원한 바람을 기대할 수 있다.
- 도로 및 주차장이 있는 경우에는 공기가 가열, 오염되기 쉽다.

조건 2 바람 불어오는 방향의 인동간격이 넓다.
- 바람 불어오는 방향의 인동간격이 좁으면 외부풍은 급격히 약해진다.
- 충분한 바람을 기대할 수 있을지에 대한 냉정한 분석이 필요하다.

조건 3 주변이 조용하다.
- 창을 열었을 때 소음이 신경이 쓰이지 않아야 한다.
- 에어컨 실외기 등 소음, 발열의 원인이 되는 설비는 설치위치에 주의한다.

조건 4 방범상의 염려가 적다.
- 창을 열어도 안전, 안심해야 하는 것이 중요하다.
- 취침 시에 창을 열 수 있으면 저온의 외기를 도입할 수 있어 냉각효과가 높다.

연풍으로 부족하다면 선풍기나 천장 실링팬으로 보충하는 것도 가능하다. ②의 효과는 가전 등의 내부 발열이 증가하고 있는 최근 주택에서 특히 중요하다. 단 기껏해야 실내온도를 외부 공기 온도 수준으로 하는 것이 가능하다는 것에 주의해야 한다. 즉, 외부에 시원한 공기가 없다면 의미가 없다.

농촌과 같이 넓은 대지에 녹지가 풍부하면 외부 공기는 시원하게 차가워진다. 그러나 현재의 시가지 공기는 도로의 아스팔트나 자동차의 배기가스, 에어컨의 배기 등으로 가열, 오염된 사양하고 싶은 애물단지이다. 우선은 정말로 통풍을 해야 할지? 대지 주변을 냉정히 분석하는 것이 중요하다(그림 1).

먼저 인동간격, 그다음으로 평면계획

주변 환경이 좋은 편이라면 다음으로 건물의 배치와 평면, 단면계획을 실시하게 된다. 몇몇 조건에 대해 전산유체해석(CFD)을 통해 검토한 결과이다(그림 2, 그림 3).

케이스 1과 2는 주변에 건물이 없으며 통풍에 이상적인 조건인 대 초원의 단독주택. 바람이 건물에 잘 불어오기 때문에 바람이 불어오는 風上(풍상)측, 바람이 불어나가는 風下(풍하)측의 창을 모두 개방한 케이스 1의 경우, 대량의 바람이 실내로 유입된다. 한편 풍하측 창만을 개방한 케이스 2의 경우는 실내를 흐르는 바람이 급격히 감소하고 있다. 통풍을 위해서는 風上(풍상)측, 風下(풍하)측 창을 모두 개방하는 것이 불가결이라는 것을 알 수 있다.

당연하지만 바람이 불어오는 風上(풍상)측에 건물이 있는 경우 바람은 간단히 차단되어버린다. 케이스 3에서는 風上(풍상)측에 18m 정도 집을 충분히 떨

그림 2 주변환경과 창의 개방 방식에 따라 통풍효과는 달라진다

4개의 케이스에 대한 수치계산을 통한 통풍효과의 검증

케이스 1에서는 바람 불어오는 방향에서 바람이 직접 불어와 대량의 바람이 건물 내로 유입되어 충분히 시원함을 느낄 수 있다.

케이스 2에서는 바람이 불어나가는 방향의 창을 닫음으로써 케이스 1에 비해 환기횟수가 1/10으로 급격히 감소하였다.

케이스 3에서는 바람이 불어오는 방향 18m 전방에 주택이 있기 때문에 바람은 대폭 약해져 있다. 환기횟수는 케이스 1의 1/3 정도까지 저하되어 시원함을 느끼기는 어렵다.

케이스 4는 수직 보이드 공간에 천창을 설치한 경우임. 수직방향으로 공기가 흐르는 것이 가능. 환기횟수는 약간 증가하지만 극적으로 효과가 있지는 않다.

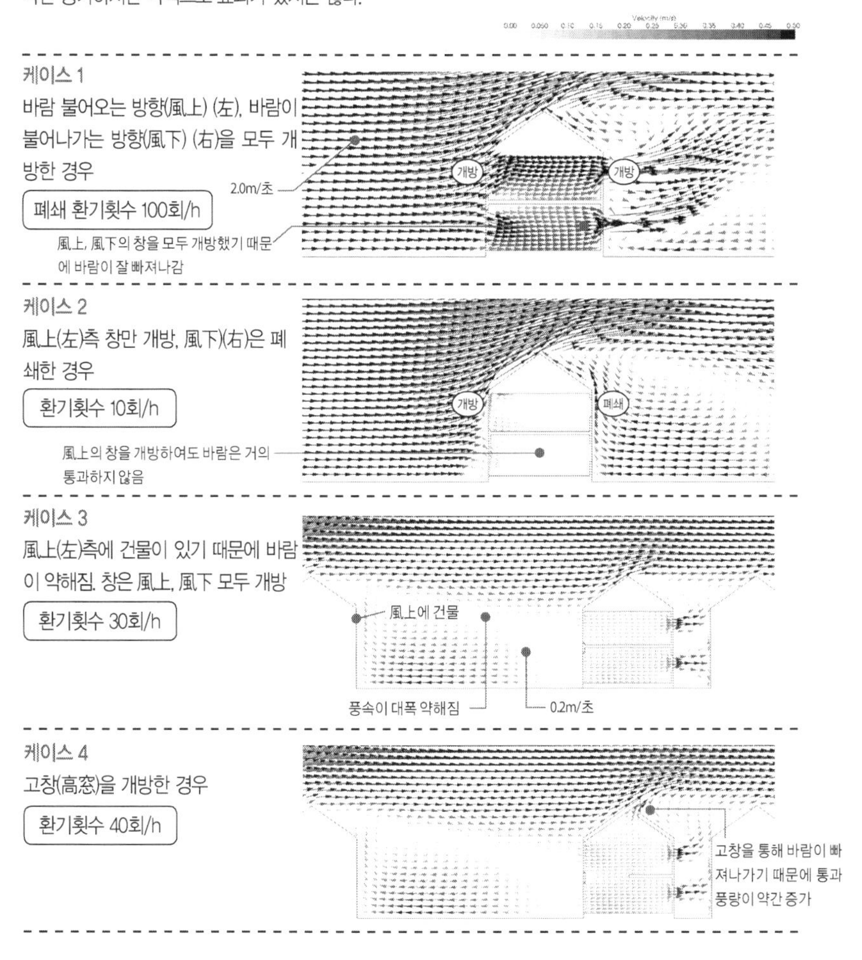

그림 3 시뮬레이션 조건

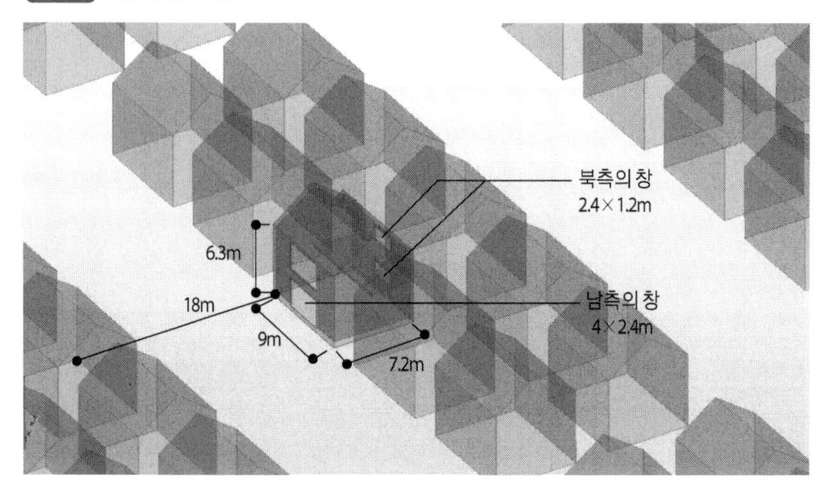

어져 배치한 경우이나 이 경우에도 통풍을 통한 실내 환기횟수는 케이스 1의 3분의 1 정도로 떨어진다. 인동간격이 좁은 도심 밀집 주택지에서는 수직 방향의 통풍계획이 유효하게 여겨지지만 건물 내 수직 보이드 공간과 같이 고창(천창)을 설치한 케이스 4의 경우, 환기횟수는 크게 증가하지는 않으며 극적인 효과가 있는 것도 아니다. 단지, 천장 상부에 쌓인 열을 배출하는 데에는 유효하다(그림 4).

이 결과로부터 통풍을 위해 중요한 것은 우선 주변 건물과의 간격을 충분하게 하고 그다음 風上(풍상), 風下(풍하)의 양면에 개구부를 설치하는 평면계획이라는 사실을 알 수 있다. 수직 보이드 공간이나 천창과 같은 단면계획상의 대책은 어느 정도 유효하지만 극적이지는 않다는 것에 주의해야 한다.

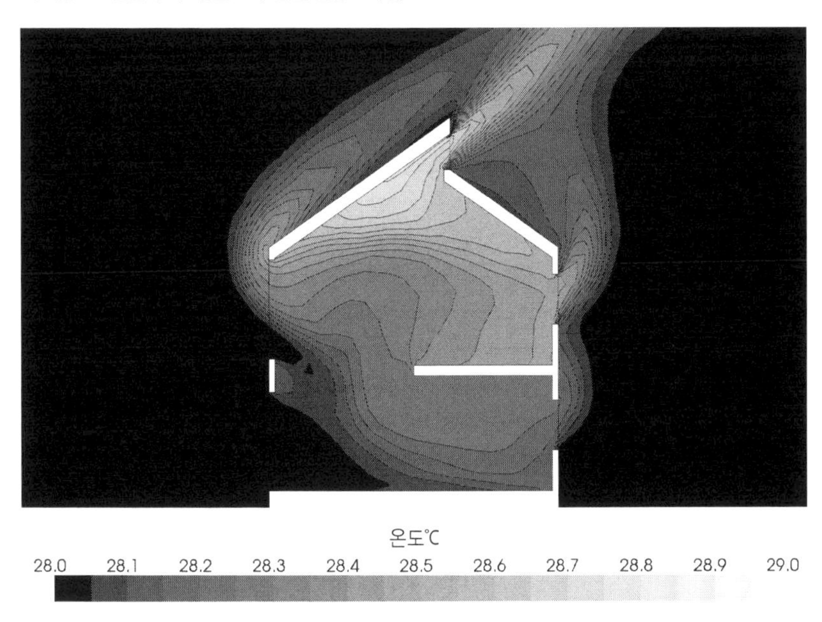

그림 4 천창은 배열에 효과적

개방 가능한 천창은 배열에 효과적이다(유입공기 28도, 내부 발열 1000W, 외부풍은 높이 6.5m에서 0.2m/s의 미풍으로 건물과 지표면은 모두 완전 단열로 가정).

과도한 기대는 금물

지금까지 설명한 것처럼 통풍으로 시원하기 위해서는 꽤나 좋은 조건의 대지가 아닌 이상 어렵다. 밀집한 주택지는 좀처럼 조건을 만족하지 못하며, 주변 환경의 변화에도 크게 영향을 받게 된다. 모델하우스로 세워진 에코하우스의 대다수는 녹음이 풍부하고 넓은 대지에 세워지고 있지만, 시가지에 세워지면 어떻게 될지는 상상력을 발휘해야 한다.

통풍을 이용하는 것으로 더위가 그리 심하지 않은 여름의 시작과 끝에 냉방을 필요로 하는 기간을 단축하는 효과는 충분히 기대할 수 있다. 그러나 정말로 더운 시기에 통풍만으로 대응한다는 것은 도저히 무리이다. 어차피 냉방을 사용할 거라면 필요한 공간에만 냉방을 하도록 칸막이를 하는 편이 효율적이다. 통풍을 우선시하는 개방적인 공간은 효율적인 냉방에는 장애가 되기 쉽다.

그리고 무엇보다 Q.3에서 제시했듯이 냉방의 소비에너지는 난방의 10분의 1에 지나지 않는다. 냉방을 조금만 줄이려고 하다가 난방이 증가되어버려서는 이치가 맞지 않는 것이다.

여름의 건축적 대책으로는 일사차폐, 차열 쪽이 리스크가 낮고 현명한 대책이다. 통풍에 관해서는 기대는 적당히 하고 냉정한 대지 관찰과 건물 설계가 요구된다.

Q.8 주풍향을 믿으라?

A 주택지의 바람은 변덕쟁이
어느 방향에서나 바람이 들어오도록 창을 계획

Q.7의 통풍 체크를 모두 클리어하고, 운 좋게 통풍의 이용이 가능한 대지 조건이라고 판명되었다고 하자. CONGRATULATION! 그러나 골인 지점은 아직 저 앞이다. 다음으로는 어디에서 바람을 받아들일지 검토하지 않으면 안 된다.

애당초 바람은 어디에서 오는 것일까? 그거야 주풍향(卓越風)이 당연하지 않은가? 인터넷으로 조사해보면 바로 알 수 있다? 분명히 최근에는 인터넷상에서 각종 기상 데이터가 손쉽게 입수 가능하다. 풍향, 풍속에 관해서는 (일본의)자립 순환형주택 홈페이지에 업로드된 상세한 데이터가 알기 쉽다**(그림 1)**. 아침 기상 시와 취침 시의 두 가지 시간대에 관해서 지역마다 풍향이나 풍속, 통풍 이용의 가능성이 제시되어 있으므로 참고하도록 하자.

그림 1 **지역별 풍향, 풍속이 인테넷으로 알 수 있다**

자립순환형주택의 통풍 데이터의 예

http://www.jjj-design.org/technical/meteorological.html. 유의한 데이터이나 실제의 대지 분석은 필히…

이러한 풍향, 풍속 데이터는 몹시 유용하지만 그 이용에는 몇 가지 주의점이 있다. 여기에서는 바람의 기상 데이터의 함정을 보자.

기상청은 전지전능하지 않다

왜! 기상 데이터를 완전히 믿어서는 안 되는 것일까? 큰 이유 중 첫 번째는 기상 데이터 그 자체의 한계다. 일본의 기상청은 AMeDAS(아메다스)라 불리는 세계적으로도 우수한 기상관측시스템을 가지고 있어 약 20km 간격으로 1300군데 기상 데이터를 얻을 수 있다. 대부분의 계측 포인트에 대한 기온, 강수량, 일조시간, 풍향/풍속의 네 가지 항목이 계측되고 있으며, 바람에 관해서는 충실한 데이터가 계측되고 있다고 할 수 있다. 반면 습도나 일사량에 관해서는 계측 지점수가 적다.

그렇지만 기상청이라고 해도 관측기를 원하는 장소에 설치할 수 있는 게 아니다. 주변의 지형이나 건물의 영향을 전혀 받지 않는 최고의 장소에 두는 것이 사실상 불가능하다. 따라서 계측된 데이터는 주변 환경의 영향을 어느 정도 받고 있다고 생각해야 한다.

예를 들면 도쿄의 데이터는 기상청의 옥상에서 계측되고 있지만, 여기는 마루노우치 빌딩가와 광대한 황궁(皇居)의 경계선에 있다(사진 1). 이러한 관측기가 놓인 장소의 특이성이 관측 결과에 전혀 영향을 주지 않다고는 말하기 어렵다. 이 한 지점의 관측 결과가 도쿄 전체의 기상을 완전하게 대표하고 있다고 할 수 있는지 묻는다면, 상식적인 대답은 'NO'일 것이다.

다른 계측 포인트도 마찬가지로 그 지역 전체를 완전하게 대표하는 장소가 아니다.

사진 1

도쿄의 대표라고 할 수 있는? 기상청 관측소

기상청의 도쿄에 있는 관측소. 마르노우치의 빌딩가와 황궁(皇居)의 경계에 있음(사진: 닛케이아키텍처)

바람은 변덕쟁이, 주변에 건물이 하나라도 들어서면 예상 밖의 결과로

기상 데이터를 완전히 믿어선 안 되는 두 번째 이유는 실제의 대지에 부는 바람은 주변 지형이나 건물의 영향을 강하게 받기 때문이다. 주변 건물이 바람의 방향을 쉽게 바꿔버리기 때문이다.

그림 2는 같은 기간에 대한 풍향의 발생 빈도를 나타내고 있다. 많은 거주지의 현장에서 실측한 풍향과 가장 가까운 위치의 기상대에서 측정한 데이터의 풍향이 크게 다른 것을 알 수 있다.

그림 2 실제 주택에 대해 조사한 풍향의 실측치와 기상 데이터의 비교. 현장에서 실측된 풍향과 근처 기상대의 기상 데이터 사이에 풍향이 크게 다른 케이스가 많다는 것을 알 수 있다

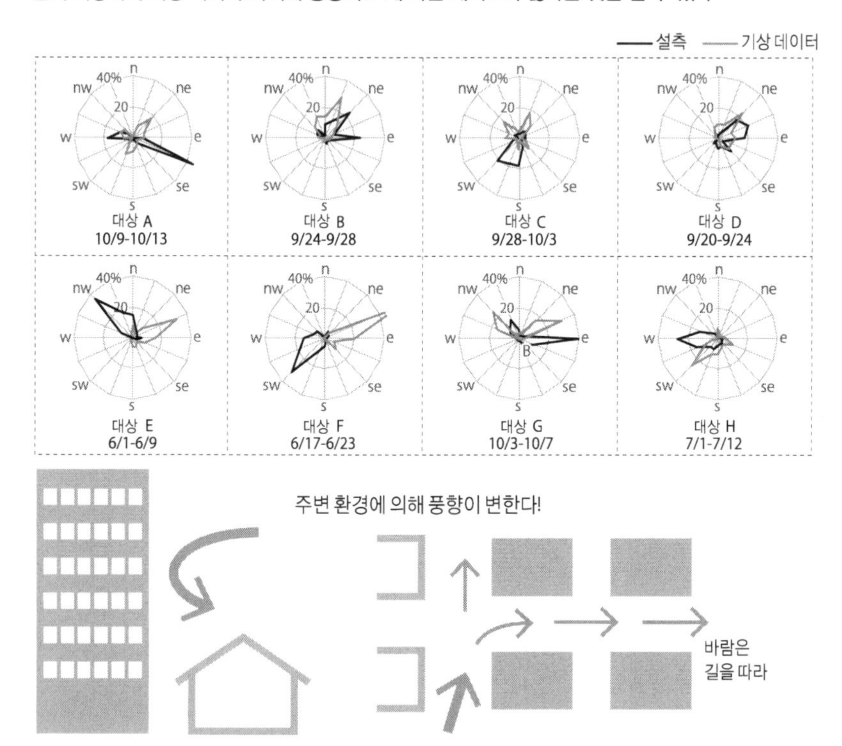

결국은 실제로 집이 위치해 있는 대지에 어떤 바람이 부는지는 실제 대지에서 각 계절마다 계측해보지 않고서는 알 수 없다. 그래서 열심히 조사한 결과, 대상건물 옆에 건물을 하나라도 세우면 바람의 흐름은 예상 외, 즉 예상과 전혀 다른 결과가 되어버린다. 바람을 정확하게 예측하는 것은 어려운 것이다.

자연조건 중에서 가장 정확하게 계측할 수 있는 것은 뭐니 뭐니 해도 태양. 위도, 경도와 시간을 지정 하면 정확한 위치를 확실하게 계산할 수 있다. 예로부터, 인류는 천체의 계측에 막대한 정열을 쏟아 높은 정밀도의 예측을 가능하게 만들었다.

온도, 습도의 예상은 보다 어렵지만 이것들은 과거의 기상 데이터를 통해 대체적으로 예상이 된다. 자연환경 중에서 가장 예측하기 어려운 것, 그것은 틀림없이 바람일 것이다.

바람은 방랑자, 어떤 방향에서도 바람을 받아들일 수 있도록 궁리를

많은 설계자가 단단한 철판인 태양은 하는 둥 마는 둥 하고 가장 예측 불가능한 방랑자인 바람에 집중하는 것은 왜일까? 필자에게는 여전히 큰 수수께끼다.

태양의 검토 = 사선제한으로 이미 지긋지긋해서? 완전하게 예측 가능하게 된 것은 흥미가 떨어져서? 분명히 예측 불가능한 바람을 읽는 것은 멋진 일이다.

그러면 어떤 바람이 불어도 최종 목표지점을 강하게 찾아가는 요트맨과 같이 다양한 방위의 바람을 잡는 것에 정열을 쏟는 것이 상책(원전에는 '得策') **(사진 2)**. 기대했던 주풍향의 바람은 불지 않았다, 예정 외의 바람이 불었다 등의 변명

사진 2 **방랑자 바람을 잡자**

전후좌우의 어떤 방향의 바람도 들어오게 할 수 있도록 계획된 창. JX日鑛日石에너지 사택(요코하마 시 이소고구, 설계자: Blue Studio)

으로는 요트맨의 축에도 들지 못한다. 주위 건물의 현 상황이나 이후의 변화도 포함하여 모든 방위의 바람을 가정하는 것이야말로 진정한 바람타기(風乗り)라고 할 수 있을 것이다. 창문 여는 방법을 궁리하면 여러 가지 바람을 잡는 윈드캐쳐(wind catcher)도 가능할 것이다. 바람을 잡기 위해서는 이러한 디테일이 중요한 것이다.

바람은 사람들이 맞도록 하자

통풍에서 잊어서는 안 되는 점이 한 가지 더 있다. 실내의 어디에 바람을 불게 할 생각인가라는 점이다.

통풍의 의미는 대략 다음의 두 가지이다. 한 가지는 내부 발열에 의해 가열된 실내 열기를 제거 하는 배열이고, 또 한 가지는 인체 주변에 바람을 일으키는 것으로 인체 냉각을 촉진시켜 청량감을 적극적으로 얻는 채량(採涼)이다. 이 중 첫 번째 배열은 대단한 풍속이 필요 없기 때문에 적당히 설계해도 문제

없다. 그러나 채량(採涼)에는 비교적 강한 바람이 사람이 있는 곳에 필요하게 된다. 즉, 통풍(通風)으로 시원함을 느끼기에는 공짜인 배열보다도 높은 레벨의 계획이 필요하다.

실은 이 사람이 있는 곳이라는 것이 당연한 듯해도 의외로 만만치 않다. 소위 통풍이 좋다는 집에서도 바람이 통과하는 곳은 복도뿐으로 중요한 침실이나 부엌에는 그다지 바람이 통하지 않는 경우가 적지 않다. 침실에 부가적으로 설치된 붙박이장이나 수납공간, 물을 쓰는 공간은 상시 개방하기 곤란하므로 통풍, 채량에 큰 장애가 되기 쉽다. 1층부터 2층으로 바람이 빠져나가게 하려는 경우도 주의가 필요하다. 분명히 높이 차이에 의한 온도 차 환기와 부력효과를 기대할 수 있으므로 열기를 배출하기에는 알맞다. 단지 너무 과하면 사람이 거주하는 높이에 바람이 흐르지 않는다. 사람이 없는 상공에 좋은 바람이 흐르고 있어도 채량에는 도움이 되지 않는 것이다. 통풍을 검토할 때는 평면, 단면상에 사람이 어디에 있는가를 잘 생각해서 설계해야만 한다.

여는 것이 즐거운 창(窓)이야말로 통풍의 열쇠

항간의 에코하우스에서 하나 더 신경 쓰이는 것이 어떻게 창을 열지? 마땅한 방법이 없는 창이 많다는 것이다. 필자는 남자로 체구도 특별히 작지는 않지만 에코하우스에서 창문의 개폐에 고생스러운 경우가 적지 않다. 너무 커서 개폐에 힘이 드는 창문, 일단 열면 손잡이에 손이 닿지 않아 닫을 수 없는 창문 등. 고창(高窓)의 개폐장치도 꽤나 힘이 필요한 물건이다. 목재 창호도 휘어져서 열기 힘들어지는 경우도 많다.

아무리 현대 여성이 씩씩해졌다고 해도 설계자들이, 사용자들, 특히 하루 종일 집에 있는 경우가 많은 여성의 체격과 팔 힘을 너무 신뢰하고 있는 것은 아닌지?

애당초 통풍을 위해서는 바람 불어오는 풍상(風上) 측과 바람이 나가는 풍하(風下) 측의 양쪽을 열지 않으면 안 된다고 이미 설명하였다. 따라서 정작 통풍을 위해서는 여기저기 창문을 열기 위해 집 안을 돌아다녀야 한다. 마침내 창문 하나하나를 여는 것이 큰 일이 되어, 결국에는 귀찮아지는 것도 이상하지 않다. 스위치 하나만 누르면 해결되는 냉방의 유혹에 무너진다 해도 누가 비난할 수 있겠는가.

열지 않는 창은 그림의 떡. 작은 체구에 힘이 없는 여성이라도 문득문득 열고 싶어지는 창, 여는 것이 즐거운 창이야말로 통풍 이용의 가장 핵심적인 장치가 아닐까. 창은 진정 건축의 얼굴, 설계자에게는 정말로 통풍 가능한 개구부의 디테일에 반드시 신경을 써주길 바랄 뿐이다.

디테일 생명으로 바람을 잡자

통풍 이용이라 하면 어쨌든 평면이나 단면에서 제대로 검토하는 사례가 많다. 에코하우스 중에는 바람을 유입시키기 위해서라는 이유로 건물의 방위나 형태 등의 중요한 요소가 결정되는 경우가 적지 않다. 그런데 이러한 건물에서 디테일 마무리가 허술해서 효과를 반감시키고 있는 경우도 많다. 평면도나 단면도 위에 그려진 바람의 선(線)만으로는 실제 바람을 잡는 것은 막연하다.

다양한 방향의 바람을 유입시키는 윈드캐쳐(wind Catcher) 사람이 있는 곳에 바람을 통과시키는 평면과 개구부, 개폐가 쉬운 창이라는 디테일의 마무리가 바람으로 시원함을 느끼기 위해서는 불가결한 것이다. 통풍은 디테일이 생명. 요트가 항해 테크닉을 구사하는 것처럼 수법(手法)을 구사하여 변덕쟁이 바람을 잡아야 하지 않을까?

여기도 따뜻하게 해줘!

제3장

수직 보이드 공간 · 큰 개구부

설계자도 건축주도 매료시키는 수직 보이드 공간(후키누케) · 큰 개구부. 사진에 멋지게 나오기 좋은 공간을 만들어내는 데 빼놓을 수 없는 꿈의 아이템이지만 안이한 남용은 금물. 빛, 열, 공기 환경에 문제를 유발할 수 있다. 그 진실을 살펴보자.

Q.9 빛은 많이 받을수록 좋다?

A 무턱대고 창을 크게 하면 명암대비가 과다해서 결과적으로 어둡게 느끼게 된다.

자 그럼, 여기서 잠시 에코하우스의 기본이라 할 수 있는 수직 보이드 공간(후키누케)과 큰 개구부에 대해 생각해보자. 항간의 주택 잡지는 아름답게 촬영된 후키누케와 큰 개구부의 사진들로 가득 메워져 있다. 사진을 통해 보면 개방적이고 상쾌한 멋진 공간으로 느껴지지만 정말 그렇게 좋은 것일까.

먼저 후키누케 공간에는 불가결한 큰 개구부을 문제 삼겠다. 전면을 유리로 채운 건축까지 등장하고 있는 요즘, 건축은 빛의 예술이다. 빛을 좀 더, 창을 좀 더라는 의견이 들려온다. 정말로 창을 크게 하면 실내에 빛이 흘러넘치는 것일까. 그 숨겨진 현실에 빛을 비추어보도록 하자.

인간의 눈은 태양광에 최적화되어 있다

저녁 무렵에 지고 아침에 떠오르는 태양은 이집트를 예로 들 필요도 없이 전 세계에서 숭배되어 왔다. 몇십억 년에 걸쳐 하루도 빼놓지 않고 24시간 주기로 지상을 비추어온 태양의 빛은 모든 생명 그리고 인류에 깊이 영향을 미치고 있다.

태양의 빛, 즉 자연광을 조명으로 사용할 경우의 메리트를 냉정하게 생각해보자.

① 에너지가 필요 없이 무료이다.

② 물체가 가장 자연스럽게 보인다.

③ 인간의 생활에 (사카디언)리듬을 준다.

①은 말할 필요도 없는 당연한 이야기. 주간에는 태양광이 넘치고 있으므로 제대로 활용하지 않을 이유가 없다.

②, ③은 실로 인간이 태양의 빛에 맞춰서 진화해온 것의 증명이다. 메리트 ②와 같이 인간의 눈은 태양광 아래에서 가장 물체가 자연스럽게 보이게 되어 있다. 잘 알려져 있듯이 태양의 빛은 다양한 색(=파장)의 빛 모임이다. 모든 색이 같은 강도로 포함되어 있는 것은 아니고, 가장 민감한 초록을 중심으로 하여 끝으로 갈수록 흐려지는 분포를 이루고 있다. 한편, 인간의 눈이 느끼기 쉬운 정도(비시감도)도 초록을 가장 강하게 느끼며 끝으로 갈수록 흐려지는 분포를 보이고 있다(그림 1). 즉, 태양의 빛을 가장 효율 좋게 느낄 수 있도록 인간의 눈은 만들어져 있다.

그래서 물체를 컬러로 보고 있을 때에는 빛 속의 색의 섞인 상태, 색의 블렌드도 중요하다. 당연하게도 인간의 눈은 아득히 옛날부터 맛보아 오던 태양광 블렌드를 가장 자연스레 느끼도록 되어 있다. 인공조명인 가짜 블렌드로는 만족할 수 없는 것은 어쩔 수 없는 부분이다.

메리트 ③은 태양의 24시간 주기리듬이 인체를 지배하고 있다는 것을 나타내고 있다. 이 리듬은 Circadian rhythm이라 칭하며 아침에 강한 빛을 받는 것으로 이 리듬을 능숙하게 조정하면 하루를 쾌적하게 보낼 수 있다고 알려져 있다. 반대로 밤은 어두운 환경에서 몸을 릴렉스시키는 것이 중요하다. 침실이 너무 밝거나 컴퓨터 화면을 너무 보면 몸이 아침으로 착각하여 잠들지 못하게 된다. 빛 환경은 인간의 생활 리듬에 중대한 영향을 미치고 있는 것이다.

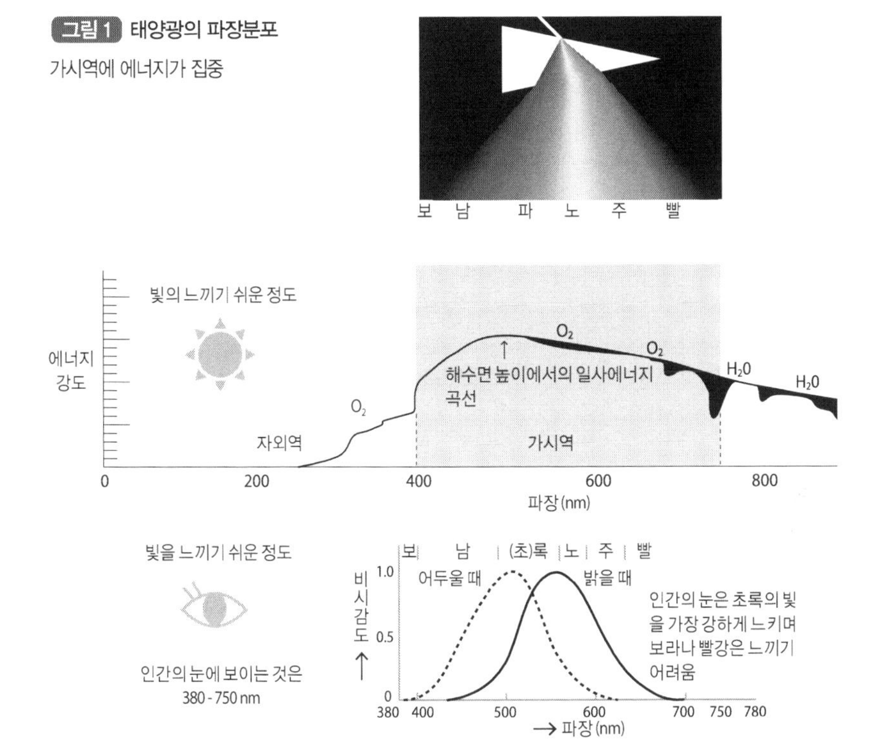

그림 1 태양광의 파장분포

가시역에 에너지가 집중

유감스럽게도 너무 강하다!

실로 최고의 빛인 태양광. 하물며 주간에는 공짜로 받을 수 있으니 이용하지 않는 게 손해다. 그러면 창문 유리를 가능한 한 최대로 크게 하여 태양 빛을 많이 받아들이면 최고의 빛 환경이 가능한 것일까? 유감스럽게도 이야기는 그리 단순하지 않다. 태양광을 조명으로서 생각한 경우, 다음과 같은 단점이 있다.

① 태양광은 조명으로서는 너무 강하다.

② 도달범위가 좁다.

③ 빛과 함께 대량의 열을 취득한다.

③은 Q.10에서 다루도록 하자. 가장 문제인 것은 ① 태양으로부터의 그대로의 빛은 조명으로는 너무 강하다는 것이다. 빛이 물체를 비추는 강도를 조도(照度)라 부른다. lx(럭스)라는 단위를 언뜻 들은 적이 있는 사람도 많을 것이다. 책상 위에서 책을 읽기에 적당한 조도는 일반적으로는 200lx 정도로 알려져 있다. 반대로 1000lx를 넘으면 너무 밝아 눈에 부담이 크다. 카메라의 조리개에 해당하는 눈 안의 동공을 극단적으로 좁혀야만 하기 때문이다.

그런데 하늘이 화창할 때 태양으로부터 직접 도달하는 직사광은 10만 lx라는 실로 차원이 다른 밝기이다(**그림 2**). 양지에서 책을 읽으면 굉장히 눈이 피곤하다는 것은 쉽게 상상할 수 있다. 인간의 눈은 태양 아래에서 멀리 있는 사슴이라든지 맘모스와 같은 것을 확인하는 것은 가능해도 태양 아래에서 문자를 읽게 되어 있지는 않다. 일상생활에는 외부와는 다른 빛 환경이 필요한 것이다.

대학의 옥상 실험장치를 통해 조도분포를 간단하게 계측해본 결과를 보자(**그림 3**). 봄의 맑고 화창한 정오가 지난 무렵, 직사광은 창가에만 도달하고 있다. 내부공간은 가로, 세로 4m, 높이 2.5m 정도로 협소한 맨션의 거실 정도의 공간이다. 남쪽 면은 거의 대부분 창문으로 되어 있으며, 후키누케(수직 보

그림 2 청천공의 직사광은 현격한 차이의 밝기

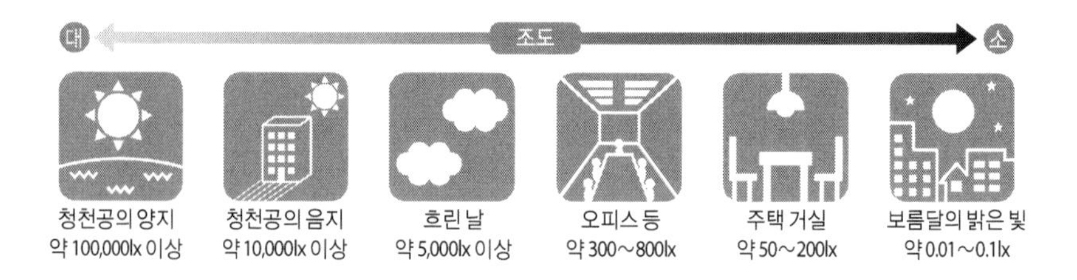

이드 공간)는 아니지만 방의 크기를 생각하면 완전히 큰 창이다. 조도는 모두 바닥면에서 계측하였다.

블라인드 없는 상태(그림 3의 좌측)에서는 창가의 밝기는 조도계가 측정범위를 넘는 눈금 밖으로 나갈 정도로 밝다. 조도계의 계측 한계는 2만 lx이므로 창가의 조도는 그 이상이라는 것이다. 직사광이 도달하지 않는 창문에서 60cm 지점에서도 1만 lx로 조도가 과대(過大). 그런데 실내로 들어가면 급속히 어두워져, 창에서 가장 먼 곳에서는 1900lx까지 조도가 감소되어버린다. 단순히 큰 창을 설치한 것만으로는 창가가 너무 밝아지는 한편 빛이 실내 깊숙이 도달하지 않아 조도분포의 불균형이 크다는 것을 알 수 있다.

다음으로 블라인드를 알맞게 닫은 경우를 보자(그림 3의 우측). 이렇게 하면 창

그림 3 블라인드가 없는 경우, 창가는 너무 밝아서 계측 불능

창가에서는 2만 lx까지 계측되는 조도계로는 측정 불가

창가	계측 불능
창에서 60cm	10,000lx
창에서 100cm	8,300lx
창에서 140cm	6,200lx
창에서 180cm	4,700lx
창에서 220cm	3,600lx
창에서 260cm	2,800lx
창에서 300cm	2,100lx
창에서 340cm	1,900lx

조도차이 큼

창가	1,700lx
창에서 60cm	1,370lx
창에서 100cm	1,200lx
창에서 140cm	1,040lx
창에서 180cm	920lx
창에서 220cm	810lx
창에서 260cm	670lx
창에서 300cm	570lx
창에서 340cm	540lx

조도차이 작음

가의 조도가 1700lx로 줄어들고 방의 구석도 540lx 정도로 적당히 밝아서 조도 차이가 적고 눈이 편안한 질이 좋은 빛 환경이 실현되고 있다. 블라인드는 태양광을 능숙하게 확산시키는 것으로 창가를 온화하게 만들 뿐 아니라 방의 구석까지 빛을 도달시키는 것이 가능하다.

큰 창은 방을 어둡게 한다

빛 환경을 이해할 때에는 조도뿐 아니라 휘도도 중요하다. 조도는 작업에 필요한 빛이 주변에 있는가를 나타내고 있지만 휘도는 사람의 눈에 전해오는 빛의 분포라고 생각하면 된다. 공간 전체에 대한 빛 환경의 평가에는 이 휘도 분포가 자주 사용된다.

사람의 눈은 공간의 빛을 인식할 때, 우선 처음으로 그 공간의 가장 밝은, 즉 휘도가 높은 부분에 맞춰서 동공을 축소시킨다. 눈을 지키기 위한 자연스러운 일이지만 그렇게 되면 다른 곳도 축소된 눈으로 보게 된다.

눈에 들어오는 휘도 분포의 불규칙성이 작으면 그렇다 해도 특별히 문제는 없다. 그러나 큰 창으로부터 직사광이 내리쬐게 되면 휘도의 불규칙성은 굉장히 커진다. 그러면 눈은 가장 밝은 창가에 맞춰 축소되어 크기를 맞추므로 다른 부분은 극단적으로 어둡게 보이게 되는 것이다(그림 4). 창가의 휘도는 얼마만큼 강렬한 것일까? 실은 백열등(불투명 유리) 중심부의 밝기에 필적되는 6000cd/㎡ 정도이다. 눈이 침침해지는 것은 당연하다 할 수 있겠다.

즉, 사람의 눈이 공간을 밝고 쾌적하게 느끼는가는 빛의 양만으로는 결정되지 않는다. 중요한 것은 가장 밝은 부분과 그 밖의 고르지 못함의 정도, 즉

그림 4 창이 크면 어둡게 느껴지는 이유는…

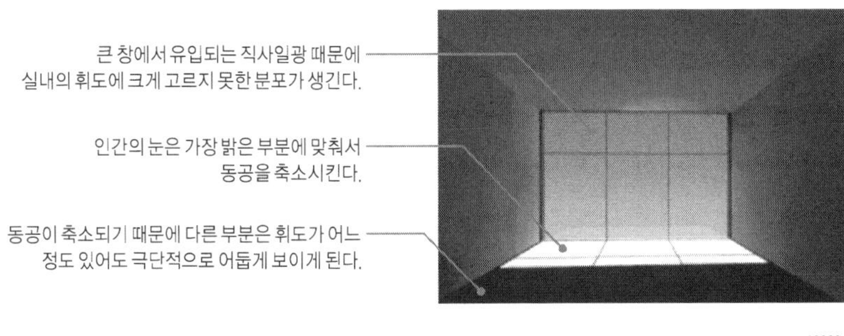

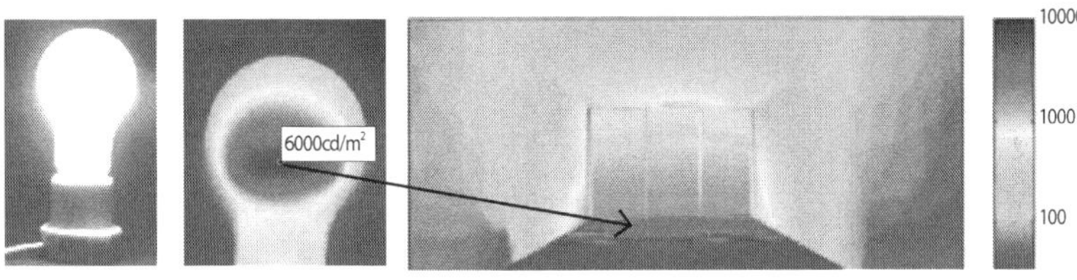

큰 창 공간에서 휘도분포의 계산 예. 창가의 휘도는 백열전구 수준. 눈이 침침한 것도 당연

콘트라스트다. 콘트라스트가 너무 강하면 빛이 충분히 있는 장소에서도 어둡게 느끼는 것이 사람의 눈이다. 참지 못하고 전등을 켜서 낮에 켜져 있는 등, 즉 쓸모없는 것이 되지 않도록 충분한 주의가 필요하다.

천공광을 잡자

빛에 포커스를 두고 창을 만든다면 직사광을 받아들이기보다는 대기에 확산되어 사방팔방에서 도달하는 천공광(天空光) 또는 확산광을 받아들이는 것이 비교적 좋다. 천공광은 인접 건물에 의해 방해받지도 않고 게다가 실내 전체에 고르게 빛이 도달되도록 높은 곳의 정측광(頂側光, High-side Lighting)이 모범답안이다**(그림 5)**.

그림 5 **자연광 이용을 고려한 경우의 창 계획**

태양으로 부터의 직사광이 아닌 천공광을 제대로 활용하는 것이 핵심

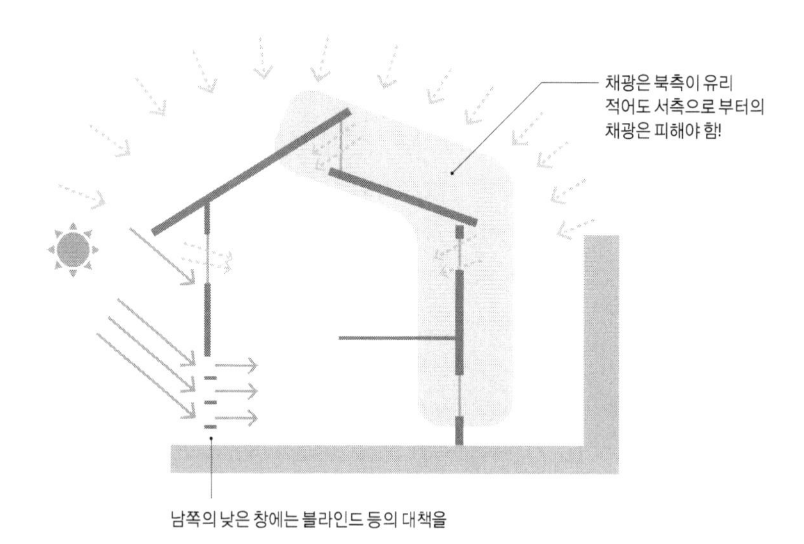

물론 창은 채광만으로 결정되는 것은 아니지만 창은 단지 크고 대담하게 열리기만 하면 되는 단순한 것이 아니라는 것은 분명하다. 뒤에서 다루는 열(熱)에서 문제는 더욱 심각해진다.

Q.10 큰 창에서 직접 취득?

A 태양열을 창에서 직접 유입시키는 직접 취득은 간단한 듯 보이지만 실은 굉장히 어렵다.

앞에서 큰 창이라고 해서 반드시 실내를 밝게 하지는 않다는 것, 과다한 직사광은 휘도가 커서 시환경(視環境)을 악화시킨다는 점을 설명하였다. 그래도 역시 큰 창을 선호한다. 큰 창에는 무언가 좋은 것이 분명 있다.

일사광의 직접 취득은 공격 수법

분명히 큰 창에서 내리쬐는 일사는 겨울에는 실내를 따뜻하게 해주는 믿음직스러운 내 편. 결과적으로 난방부하가 큰 폭으로 절감될 수 있다면 다소의 결점도 희석이 되는 법. 과연 의도대로 일이 진행될 것인가. 난방부하를 줄이는 가장 독보적인 방법은 건물의 단열성능을 높이는 것(Q.12 참조). 실내의 열

그림 1 큰 창+일사 직접 취득으로 난방부하는 정말로 줄어들까?

일반적인 고단열 주택과 큰 창의 에코하우스의 전형적인 단면 이미지를 나타낸다. 태양의 직접 취득 이용은 난방부하가 클 것 같은 대공간과 단열성능이 낮은 큰 개구부를 정당화하도록 기대되지만…

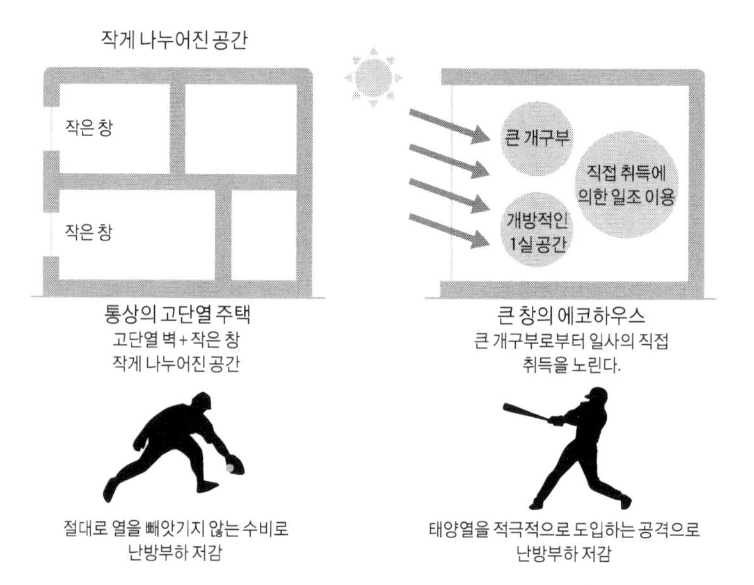

이 가능한 한 손실되지 않도록 하는 것을 노린, 수비 수법이다. 화려함은 없지만 확실하게 효과를 발휘하는 현명한 방법이다.

한편, 태양열을 큰 개구부로부터 받아들이는 것으로 난방부하 저감을 의도하는 수법은 직접 취득, direct gain이라 불린다. 기사회생의 홈런을 노린 공격 스타일(그림 1). 잘만 맞으면 다른 곳에서의 에러를 보충하여 역전이 가능하지만 삼진으로 끝나는 경우도 생각할 수 있다. 다음은 큰 창에서 일사 직접 취득의 문제점을 보도록 하자.

한 겨울에도 오버히트, 과난방를 경계하라

일사를 직접 취득하면 실내 온도는 얼마나 상승할까? 보통 창과 큰 창의 경우에 대한 컴퓨터 시뮬레이션 결과를 보도록 하자(그림 2).

대상건물은 방 하나로 창은 남쪽 면에만 설치되어 있다. 구조는 목조와 콘크리트구조(RC조)의 2가지 경우를 검토한다. 단열은 현행 일본의 에너지 절약설계기준의 등급 4. 기상조건은 도쿄의 한파가 심한 기간 중에서 3일분, 1일 차는 쾌청, 2일 차는 흐림, 3일 차는 맑은 날이며 난방은 일체 실시하지 않는 자연 실온상태를 계산하였다.

먼저, 목조의 보통 창문인 ①의 결과를 보자. 실내온도는 1일 차(쾌청)의 낮에는 27℃, 3일 차(맑음)의 낮에는 22℃까지 상승하고 있어, 일사 직접 획득의 효과가 나타나고 있다. 2일 차(흐림)의 경우에는 10℃ 정도로 낮게 형성되지만 난방을 전혀 하지 않은 것을 감안하면 실온 변화가 완만한 보통의 고단열 주택이다.

그림 2 큰 창은 겨울에도 오버히트(과난방) 상태로

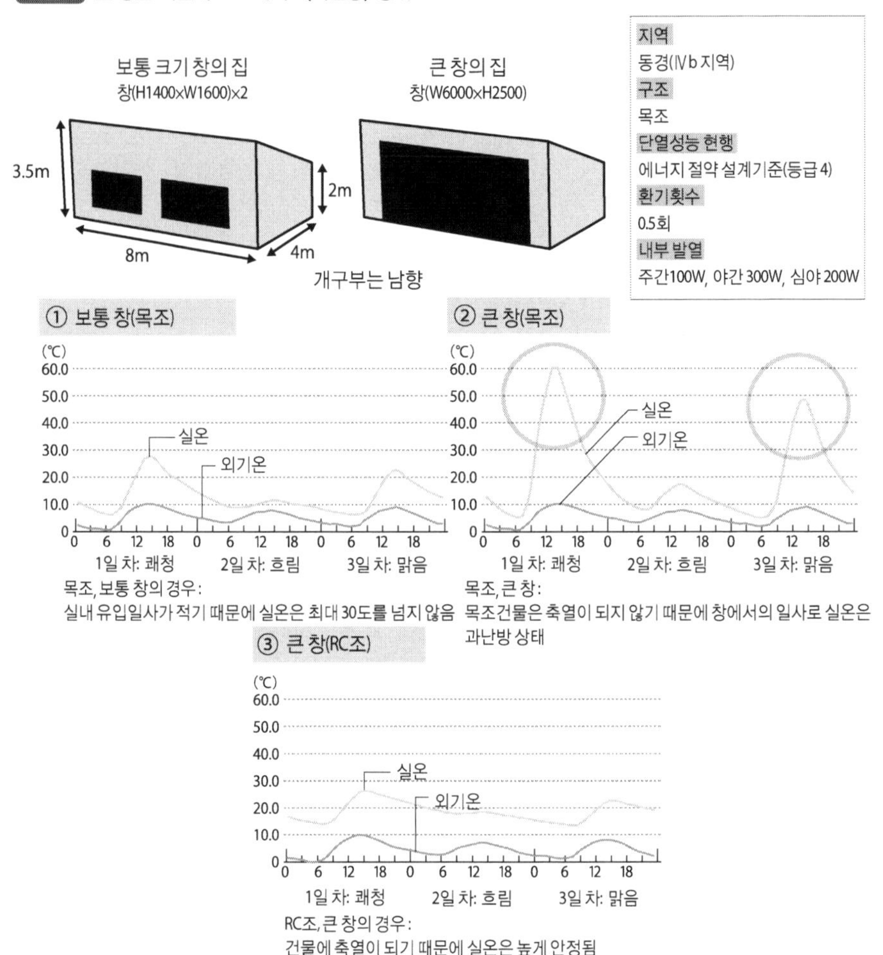

이 완만함이 목조의 큰 창인 ②에서는 급격히 변화한다. 3일 차(맑음)의 낮에는 48℃, 1일 차(쾌청) 낮에는 60℃까지 올라가게 된다. 정말로 살인적인 과난방 상태다. 한편, 가장 추울 때 새벽 시간대의 실온은 10℃에 미치지 못하고 있어 보통 창 ①의 결과와 거의 다르지 않다. 실내 최저온도는 낮은 상태이지만 최고 온도는 무턱대고 오르는 것이 큰 창을 통한 일사 직접 취득의 실상인 것이다.

어차피 계산 결과일 뿐이라고 생각할지 모르지만 필자나 연구실 학생은 대학의 옥상 실험동이나 실제 큰 창의 에코하우스에서 실온이 35℃를 넘는 경우를 수없이 경험하고 있다(사진 1). 분명히 어떤 대처를 하기 때문에 그 이상이 되는 것은 방지하고 있지만 큰 창의 파괴력은 언제나 피부로 느끼고 있다.

물론 대책이 없는 것은 아니다. 낮에 열을 축적하여 저녁에 방열 가능하도록 실내 열용량을 늘리면 된다. ②가 과열(과난방)이 된 것은 목조로 열 용량이 극히 작아 건물이 일사 열을 축적할 수 없는 것이 원인이다. 열 용량을 충분히 하기 위해서는 두툼한 RC(철근콘크리트) 구조가 최적이다. RC 구조로 큰 창인 그래프 ③을 보도록 하자. 1일 차(쾌청)의 낮에도 27℃, 새벽의 최저 기온도

사진 1 도쿄대학의 옥상 실험동

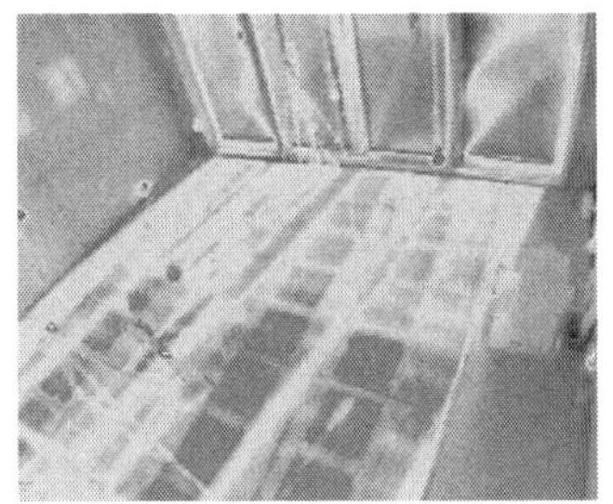

사진 2 겨울에도 35℃가 넘는다

(상) 실내에 입사되는 일사
(하) 겨울철에도 바닥면 온도는 40℃에 이르며 실온은 35℃를 넘는다.

14℃로 온도 변동이 비교적 적은 쾌적한 공간이 구현되어 있다. 이 정도라면 확실히 무(無)난방 주택이라 해도 좋다. 큰 창이 도움 되는 시대가 드디어 온 것이다.

RC조는 이상적인 소재는 아니다

정말 좋다고 말하고 싶은 상황이지만 이야기는 여기에서 끝나지 않는다. 분명히 RC조는 열용량이 크고 큰 창의 일사 직접 획득과 궁합이 좋은 것임에는 틀림없다. 그렇지만 RC조를 에코하우스에 최적인 소재로 규정하는 것에는 의문이 있다. RC조의 아킬레스건은 제조 시의 CO_2. 재료가 되는 콘크리트나 철의 생산에는 방대한 CO_2가 배출된다. 결과적으로 한 개동당 CO_2 발생량은 목조의 몇 배나 된다(그림 3).

거기에 열용량을 무턱대고 크게 하면 난방을 시작하고 나서 데워지는 시간이 굉장히 길어지는 것에도 주의해야 한다. 새벽에 난방을 켜는 간헐난방이 일반적인 일본의 경우, 날씨가 나쁜 날에 따뜻해지기까지 오래 기다려야 하는 결과를 초래한다.

RC조는 그 밖에도 별도의 바닥 마감을 추가하지 않는 경우 바닥이 너무 딱딱하여 발이나 허리에 악영향이 있을 수 있으며, 무엇보다 건설 시 비용이 많이 든다는 등의 많은 결점이 있다. 에코하우스의 소재는 역시 목조를 고르고 싶은 이유이다. 그렇게 되면 목조인 상태에서 열용량을 추가할 필요가 생기지만 이것이 좀처럼 쉽지 않아서 안타깝게도 결정적인 해결방안은 제시되지 못하고 있다. 현재로서는 목조 에코하우스에서는 단열을 메인으로 하여 창

그림 3 RC조는 제조 시 막대한 CO_2를 배출

주택 1개동을 구성하는 주요 재료의 제조 시 탄소배출량의 구조별 비교(「지구환경보전과 목재이용」 전국임업개량보급협회 NO,143)

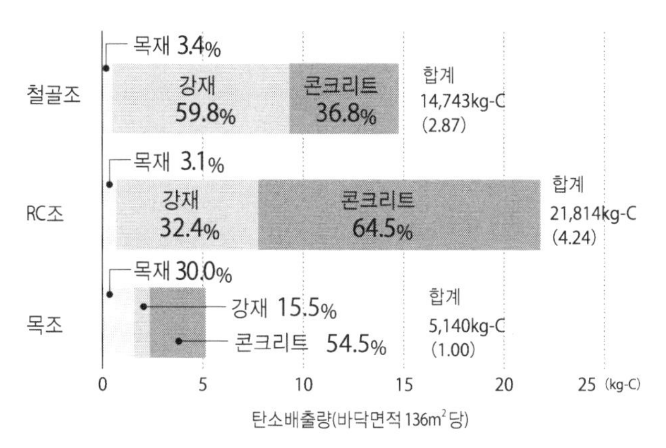

문을 작게 하는 수비(守備) 수법이 무난한 듯하다. 실제로 독일 등에서는 무난방(無暖房)을 주장하는 Passive house가 보급되고 있지만 그 대다수는 현명한 작은 창이라는 것을 기억해두길 바란다.

유리는 투명?

도대체 왜 유리 건물은 온실이 되어버리는 것일까? 그 대답은 유리가 투명하지 않기 때문이다. 무슨 바보 같은 소리라는 생각이 들지 모른다. 분명히 유리는 보이는 빛에서는 투명하지만 보이지 않는 빛에서는 투명하지 않다.

제4장 난방에서 자세히 다루겠지만 열의 전달방법에는 전도, 대류, 복사의 세 가지 방법이 있다. 이 중에서 일사가 유리를 통과하여 실내 온도를 높이는 것은 복사 작용이다. 한편 따뜻해진 것은 적외선을 방출하여 에너지를 상실,

차가워진다. 만약 유리가 이 적외선에 대해서도 투명하면 적외선은 유리를 투과하여 빠져나가기 때문에 실내는 바로 식게 될 것이 분명하다.

간단한 실험으로 설명하도록 하겠다(사진 3). 따뜻한 차가 들어 있는 페트병을 열화상 카메라로 촬영하면 그 표면 온도가 높은 것을 관찰할 수 있다. 열화상 카메라는 따뜻한 병에서 방출되는 눈에는 보이지 않는 적외선을 포착하여 화상으로 나타내고 있는 것이다.

그런데 병을 유리의 맞은편에 놓게 되면 신기한 일이 발생한다. 보통 카메라에서는 유리 뒤쪽에 병이 보이지만 열화상 카메라 화상에서는 전혀 보이지 않게 되어버린다. 유리는 눈에 보이는 가시광은 투과시켜도 눈에 보이지 않는 적외선에 대해서는 불투명, 투과시키지 못한다는 것을 알 수 있을 것이다.

즉, 유리는 일사와 같이 눈에 보이는 가시광 에너지는 술술 받아들이지만 내측에서 복사되는 눈에 보이지 않는 적외선이 나가는 것을 봉쇄해버리는 성질을 갖고 있다(그림 4). 이 때문에 유리 건물 안에서는 열이 쌓여 온도가 점점 상승되어버리는 것이다. 진짜로 온실효과다.

이렇게 일사 직접 취득에 의한 일사열 이용은 창의 사이즈나 단열성능, 열용량을 꽤나 제대로 설계하지 않으면 잘 될 수가 없다. 단순하게 창을 크게 내면 끝나는 이야기가 아닌 것이다. 원리는 단순해도 이용이 간단하다고는 할 수 없다. 꼼꼼한 주의가 필요하다.

사진 3 페트병이 사라지는 이유는…

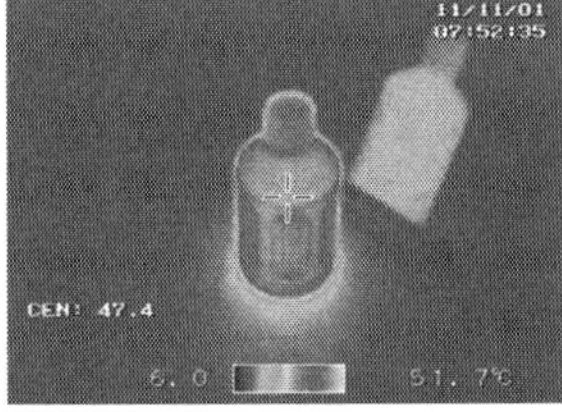

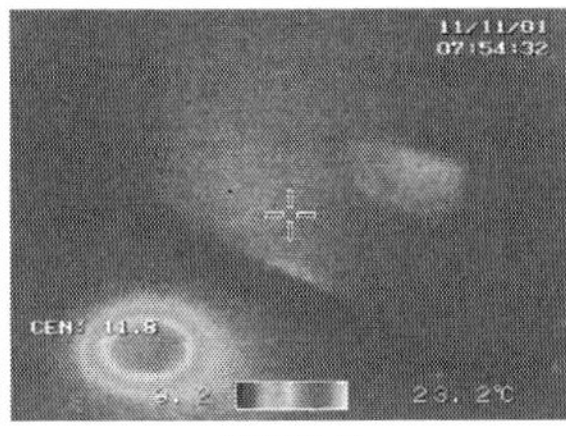

가시광선 원적외선

(위)는 따뜻한 차가 들어 있는 페트병을 적외선 열화상 카메라로 촬영한 것. 동일한 페트병을 유리 뒤편에 놓으면 놀랍게도 이상한 열화상 카메라의 영상(아래)에서는 보이지 않게 된다. 이것은 유리가 눈에 보이는 가시광선에 대해서는 투명하지만 페트병에서 복사되는 적외선에 대해서는 불투명하기 때문이다.

사진 4

유리는 원적외선을 통과시키지 못함

유리는 눈에 보이는 복사에너지는 투과시키지만 적외선(열)은 차단하는 성질을 가지고 있다.

투과 판유리의 분광특성(6mm 두께)

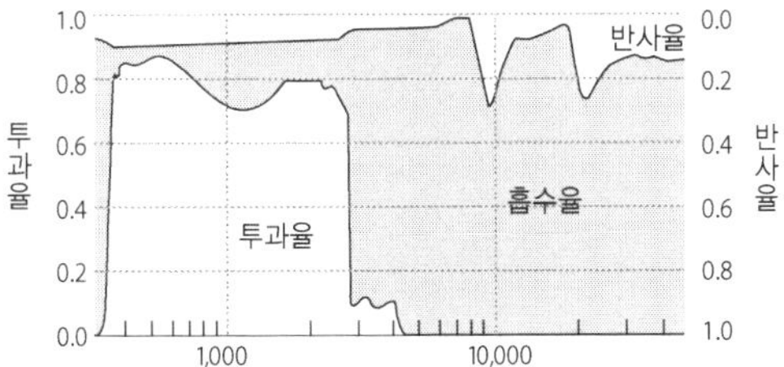

가시광 380~750nm

근적외선 750~4000nm

원적외선 4000nm~

Q.11 수직 보이드 공간이 최고?

A 난방하는 것이 매우 번거롭다.
온풍이 바닥에 도달하지 않아 낭비가 많다.

각 층(層)에 걸쳐 공간을 연결하는 수직 보이드 공간[일본말로 '吹き抜け(후키누케)']은 실로 건축의 자유, 개방을 구현한다. 원래는 현관과 같이 체재시간이 짧은 공간에 한정되어 있었지만 최근에는 거실이나 부엌, 심지어 침실까지 널리 적용되고 있는 필수 아이템이다.

그러나 이 수직 보이드 공간은 온열환경 측면에서 매우 번거로운 존재이다. 자 그럼, 공기의 흐름을 컴퓨터상에서 재현하는 수치유체역학(CFD) 계산을 통해 수직 보이드 공간을 검증해보자.

온풍이 바닥에 도달하지 않는다

수직 보이드 공간은 시각적으로는 매우 기분 좋은 공간이지만 난방을 하려면 굉장히 고민스럽다. 최근의(일본의 경우) 에코하우스에서는 에어컨을 주난방으로 하고 있는 경우가 적지 않다. 가스나 석유와 같이 실내 공기를 오염시키지 않고 히트펌프로 고효율의 난방이 가능할 것으로 기대되고 있기 때문이다(Q.16 참조).

그림 1 수직 보이드 공간에서 온도 성층이 크게 발생한다

주택 내부의 온도분포를 CFD(Computational Fluid Dynamics, 수치유체역학) 시뮬레이션한 결과, 수직 보이드 공간에서 온도 성층이 클 수 있으며 따뜻한 공기의 취출온도 및 난방방식에서 의해 차이가 크게 나타남을 알 수 있다.

A 통상공간을 에어컨으로 난방

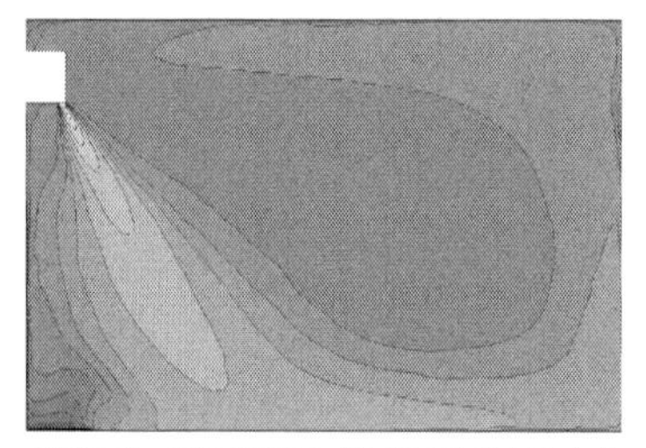

취출공기는 27℃, 풍량 300m³/h. 공간이 협소하기 때문에 바닥까지 온기가 도달함

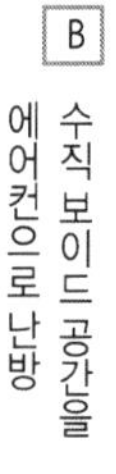

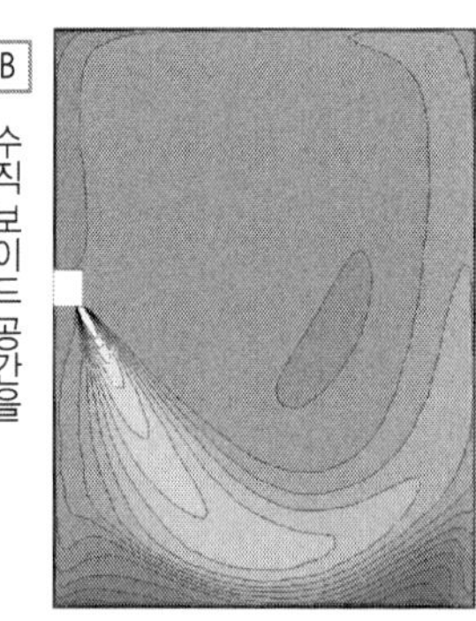

공간이 넓어서 열부하가 커지기 때문에 취출공기는 35℃로 상승. 에어컨의 온기가 상승하기 쉽기 때문에 바닥면까지는 좀처럼 도달하지 않음

C 수직 보이드 공간을 팬히터로 난방

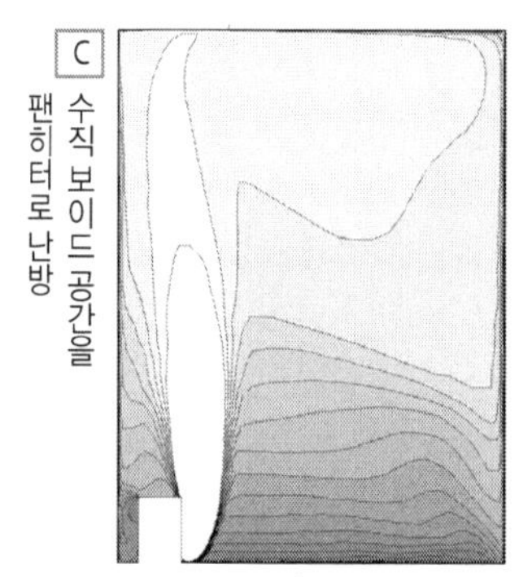

취출공기는 70℃, 풍량 80m³/h. 취출공기가 고온이기 때문에 곧바로 상부로 상승하고 있음

D 수직 보이드 공간에 바닥난방을 실시

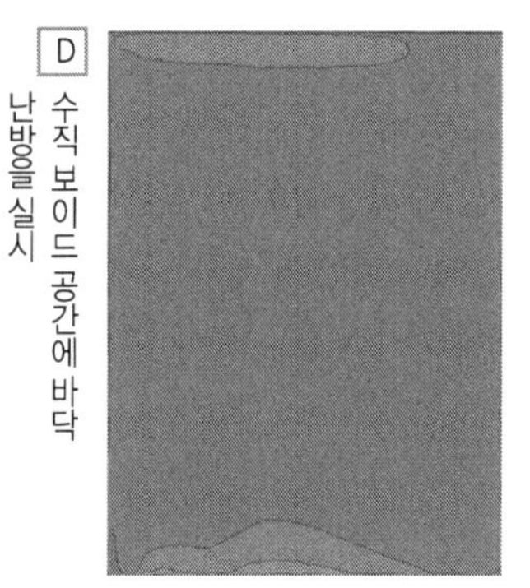

바닥난방을 하기 때문에 온도 성층은 거의 없다. 단, 따뜻해지기까지 시간이 걸린다. 에너지 효율도 낮음

15 16 17 18 19 20 21 22 23 24 25 26 27

1층 공간 : 3.6m×3.6m×높이 2.4m / 수직 보이드 공간 : 3.6m×3.6m×높이 4.8m
각 실의 단열성능은 등급 4레벨/난방기구의 취출풍량은 일정

그러나 에어컨은 게으름뱅이인 공기로 난방해야만 하는 한계가 있다(Q.15 참조). 또 최근의 에코하우스에는 수직 보이드 공간에 에어컨을 1대만 설치하는 경우가 많다. 이것은 공간 전체를 합쳐서 처리하는 것으로 저부하 운전을 피해 효율의 향상을 기대하기 때문이지만 공간의 온도 성층이 커지기 쉽다.

수직 보이드 공간과 1층 공간(통상 공간)에 대해 에어컨으로 난방한 경우의 온도분포를 비교했다(그림 1). 또한 수직 보이드 공간이 넓은 만큼 열부하가 크기 때문에 온풍의 온도를 보다 높게 설정하고 있다.

일반적인 단층 공간에서는 에어컨으로도 문제없이 난방이 가능하다. 이것이 수직 보이드 공간이 되면 바닥면에 따뜻한 공기가 도달하지 않아 온도의 불균형이 커지는 것을 알 수 있다. 취출 공기는 고온으로 가볍기 때문에 위쪽에 넓은 공간이 열려 있으면 날아 올라가 버리는 것이다.

에어컨의 온풍을 바닥까지 도달시키기 위해서는 온풍의 온도를 낮추고 풍량으로 조절하는 것이 유리하다. 그렇지만 과도한 풍량은 불쾌적으로 이어질 수 있기 때문에 열부하를 처리하기 위해서는 온도를 높이지 않을 수 없다. 그러나 온도를 높이면 공기가 더욱 가벼워져 바닥에 도달하지 않는다. 여기에 딜레마가 있다.

팬히터는 온풍의 취출구가 낮은 장소에 있으므로 에어컨보다는 유리하다. 그러나 온풍의 온도가 더욱 높아지므로 온풍은 바로 위로 솟아 올라가버린다.

바닥난방은 온도 성층이 적은 쾌적한 공간을 만들어낸다는 것으로 알려져 있으며, 계산 결과에서도 온도분포가 균일하다는 것을 확인할 수 있다. 그러나 바닥난방은 순간의 가열능력이 한정되어 있기 때문에 온도가 설정치까지 이르는 시간이 오래 걸리며, 에어컨에 비하면 에너지 효율이 낮다. 바닥난방만으로 수직 보이드 공간의 거실을 통째로 데우는 것은 곤란하다.

아무도 없는 공간을 난방 하는 상황에

최근 아이들의 은둔에 대한 대책으로 거실에 계단을 설치하는 경우가 적지 않다. 이 거실 계단을 통해 2층의 차가운 냉기가 직접 거실로 내려오기 때문

그림 2 따뜻한 공기가 수직 보이드 공간에 가득차기 전에는 바닥에는 온풍이 도달하지 않음

수직 보이드 공간의 2층과 1층 방을 에어컨으로 난방한 경우의 공조 시간 변화. 수직 보이드 공간이 있으며 온풍은 위로 불어 올라가 버리기 때문에 바닥에 온풍을 도달시키는 것은 곤란하다.

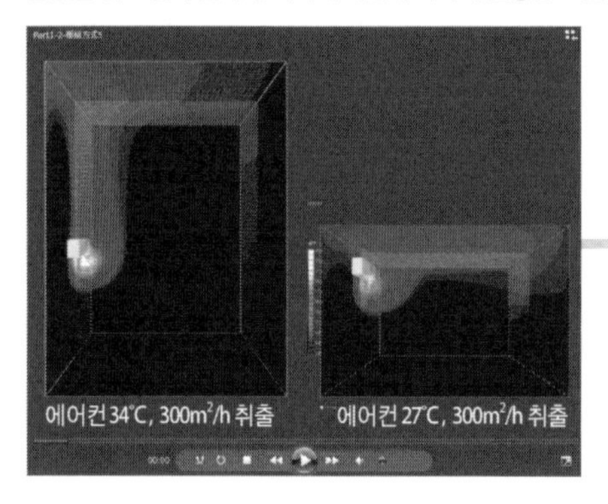

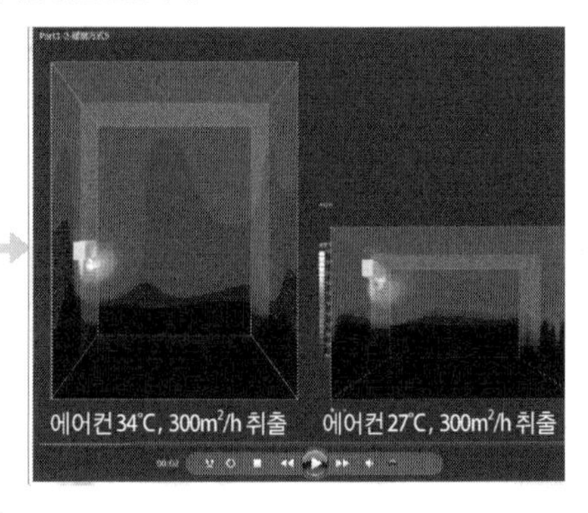

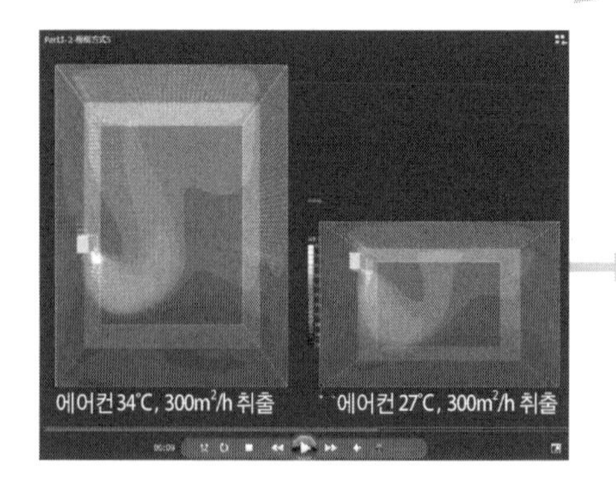

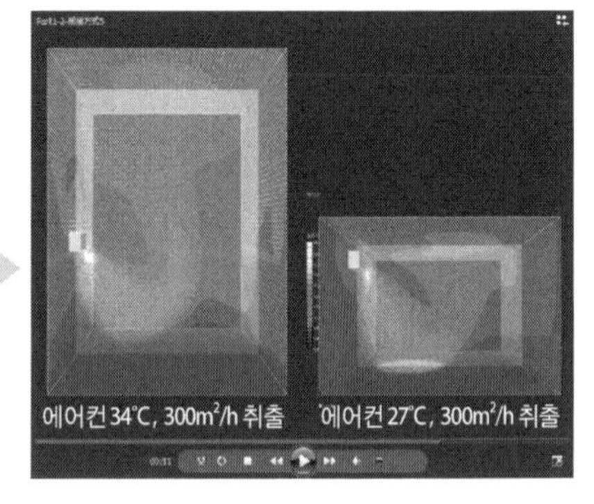

에 굉장히 불쾌하다는 클레임이 많다. 이 문제에 대한 해결은 쉽지 않으며 효과적인 대책은 2층을 항상 난방하는 것밖에 없다고 한다.

온도 성층이나 냉기도 곤혹스럽지만 애당초 사람이 없는 상부 공간을 난방하는 것 자체가 사치가 아닌가? 정말 말 그대로다. 열부하의 쓸데없는 증가를 초래하여 에너지 증가로 직결된다.

고단열 주택이라도 모든 공간을 24시간 난방을 하면 에너지 증가는 피할 수 없다. 필요한 장소를 필요한 시간만 난방하는 것이 에너지 절약이 된다는 당연한 것을 재확인할 필요가 있다.

여기서 알기 쉽게 설명하기 위해 컴퓨터 시뮬레이션 결과를 이용하였다. 실제로는 분명 좀 더 낫다고 생각될지도 모르지만 필자는 더욱 심한 온도분포의 주택을 흔하게 경험하고 있다.

이번 시뮬레이션에서는 열적으로 약한 큰 개구부나 침기(Q.13 참조) 등을 무시하였고 단열 사양도 등급 4(차세대 기준)에 상당하는 높은 수준이다. 실제 건물의 상황은 더 심한 온도분포가 나올 수 있다.

이렇게 바닥이나 칸막이를 없애고 공간을 연결하는 것은 쾌적성, 에너지 절약의 관점에서 굉장히 리스크가 크다. 수직 보이드 공간의 매력에 빠지기 전에 데워진 가벼운 공기의 기분으로 단면도를 체크해보자.

Q.12 차세대 단열기준으로 충분?

A 사양이나 열손실계수값만으로는 에너지 절약성, 쾌적성은 보장되지 않는다. '기준보다 한 단계 높은 등급'도 검토를

추운 겨울철에 약간의 에너지로 집 안을 따뜻하게 하기 위해서는 열을 밖으로 빼앗기지 않는 단열(斷熱)이 불가결하다. 그 상세한 내용은 이미 나와 있는 많은 좋은 서적을 참조하도록 하고 여기서는 수직 보이드 공간이나 큰 창을 설치하는 자유로운 공간 설계 시에 주의해야 하는 포인트를 간추려서 검토하기로 하겠다.

'가능하다면 하면 좋겠다'인 에너지 절약 기준

주택의 단열에 관해서는 1980년(쇼와 55년)에 고시된 에너지 절약 기준이 시초이다. 이 통칭 구(旧)기준은 빈약한 단열성능을 규정한 것에 지나지 않지만 1992년(헤이세이 4년)과 1999년(헤이세이 11년)의 2회에 걸친 개정에 따라 단

그림 1 2회의 개정으로 열부하, Q(열손실계수값)가 동시에 감소

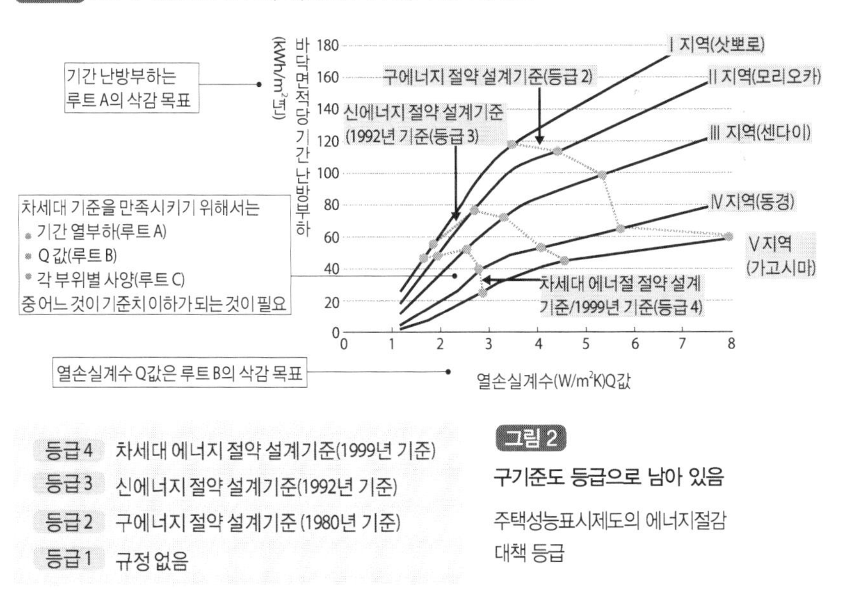

그림 2

구기준도 등급으로 남아 있음

주택성능표시제도의 에너지절감 대책 등급

열성능이 크게 향상되어(그림 1) 현재는 다른 국가와 비교해도 그다지 뒤지지 않는 수준에 이르고 있다.

단열기준을 이야기할 때에는 신기준, 차세대 기준이라는 호칭이 자주 사용되지만 국가의 에너지 절약 설계기준은 개정해도 같은 호칭으로 사용된다. 따라서 옛날 기준을 포함하여 언급하고 싶은 경우는 주택성능표시제도라는 호칭에 따라 등급 2, 등급 3, 등급 4로 부르는 것이 일반적이다(그림 2).

단열은 겨울철에 열을 빼앗기지 않도록 하는 마치 집에 스웨터를 입히는 것과 같은 것이다. 기밀(Q.13 참조)과 비교하면 이해하기 쉬운 것 같지만 초기 코스트의 중복으로 현 상황에서도 등급 3정도로 끝내 버리는 경우가 적지 않다. 에너지 절약 설계기준은 어디까지나 권장이며 건축기준법과 같은 의무가 아니다. 가능하면 달성하면 좋겠다 정도의 목표에 불과한 것이다.

단, 단열은 기밀과 마찬가지로 후에 바로잡는 것은 어려운 일이므로 시공시에 제대로 코스트를 투자하길 바라는 부분이다. 설비와 같이 후처리는 안 되는 것이기 때문이다.

3가지 루트의 불가사의

그러면 현행에서 최고 기준인 등급 4를 충족시키면 다 좋은 것일까. 이야기는 그리 간단하지 않다. 실은 등급 4를 달성하는 루트는 3가지가 있다(그림 3).

루트 A는 상급자 모드. 건물의 상세 내용을 열부하계산 프로그램에 입력하여 지역의 기상 데이터에 근거한 바닥 면적당 난방열 부하를 계산한다. 열부하(熱負荷)라는 것은 겨울에 실내 온도를 유지하기 위해 필요한 열의 할당량과

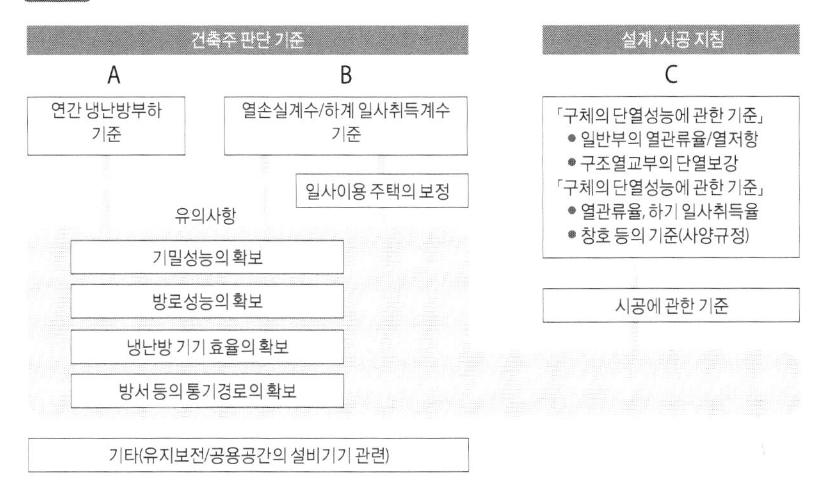

그림 3 단열기준 평가의 3가지 루트

출전:「주택의 에너지 절약 설계기준의 해설」 일반재단법인 건축환경·성에너지기구

같은 것. 계산된 열부하가 지역마다 설정된 목표치 이하이면 OK이다. 매일 매일의 기온이나 일사의 변화를 고려한 가장 상세한 계산법이지만 열부하계산 프로그램은 고가이고 데이터 입력과 계산 결과의 해석에도 제법 많은 수고가 요구되는 것이 큰 단점이다.

루트 B는 중급자 모드. 건물의 벽 및 창의 면적, 사양을 도면 검토를 통해 정리하여 건물 전체의 열이 빠져나가기 쉬운 정도를 열손실계수, 통칭 Q값을 산출한다(**그림 4**). 이 Q값은 작을수록 열이 빠져나가기 어렵다. 즉, 단열성능이 높다는 것이 된다. 이 값은 지역에 따라 정해진 기준치(**그림 1**) 이하이면 합격이다. 계산 자체는 표 계산 프로그램으로 충분히 가능하지만, 면밀하게 도면을 검토하는 것은 매우 끈기가 필요한 작업이다.

루트 C는 초심자 모드. 단열재가 몇 mm, 유리의 종류는 ○○과 같이 지

열손실계수 Q = (QR + QW + QF + QV) ÷ (연면적)

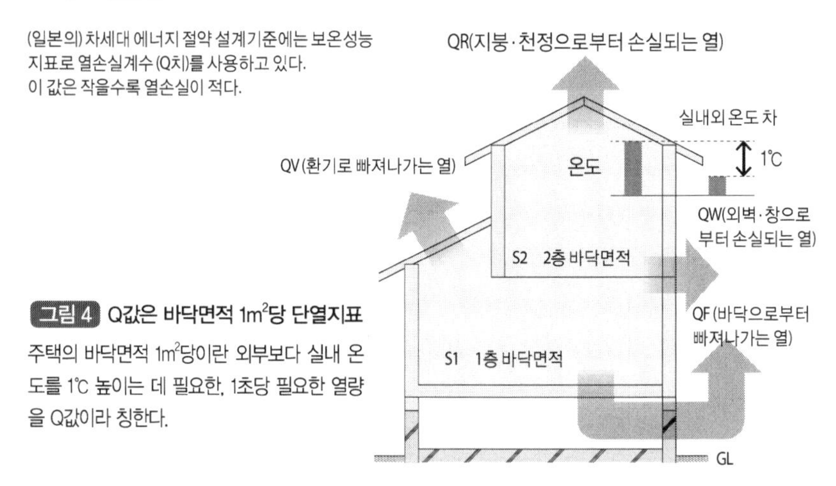

그림 4 Q값은 바닥면적 1m²당 단열지표

주택의 바닥면적 1m²당이란 외부보다 실내 온도를 1℃ 높이는 데 필요한, 1초당 필요한 열량을 Q값이라 칭한다.

출전: 「주택의 에너지 절약 설계기준 해설」 일반재단법인 건축환경·성에너지기구

역별로 벽 및 창의 사양이 정해져 있다. 이 사양에 따라 설계, 시공하는 것만으로도 OK이다. 계산을 거의 하지 않고도 끝나는 것이 큰 장점이다.

루트도 여러 가지, 다이어트도 여러 가지

왜 루트가 3개나 되는 것일까? 여기에서는 가까운 예로 건강을 위한 감량(減量)을 생각해보자. 단열 강화의 목적은 열부하를 줄이는 것이지만 감량의 목적은 체중을 줄이는 것. 그 큰 목적을 실현하기 위한 방법이 3가지 있다고 생각하면 되는 것이다.

체중이 줄어든다면 뭘 해도 OK가 루트 A. 무엇을 먹든, 무엇을 하든, 체중이 줄어들 수 있다면 뭐든 좋다. 단지, 실제로 열부하(체중)가 줄어들지 말지를 알기 위해서는 방대한 계산이 필요하다. 그것을 대행해주는 것이 열부하계

산 프로그램이다. 이것은 마치 체중예측 어플, 즉 어디에 살고, 무엇을 먹는지를 입력하면 장래의 체중을 예측해주는 것이다.

예상된 체중이 목표에 도달만 하면 되기 때문에 다양한 식사 메뉴를 만드는 것이 가능하여 자유도는 최고이다. 일사열의 활용에 의한 부하저감과 같은 공격 수법도 평가가 가능하다. 단지 어플과 지식, 경험을 갖춘 전문가가 아니면 어떻게 해야 좋을지 모르겠다는 것도 자유형의 숙명이다.

루트 A의 자유도는 원하지만 체중예측 어플을 구입하는 것은 돈도 들고 어플에 데이터를 입력하는 것도 귀찮다. 그런 사람에게는 1일 섭취 칼로리를 제한하는 다이어트 법, 즉 루트 B를 추천한다. 이 칼로리가 열손실계수 Q치에 해당한다.

분명히 1일 칼로리를 제한하면 빠지는 것은 틀림없다. 총 칼로리 계산이 200kcal 주먹밥 2개, 300kcal 단팥빵 1개와 같이 Q치도 단순한 사측연산으

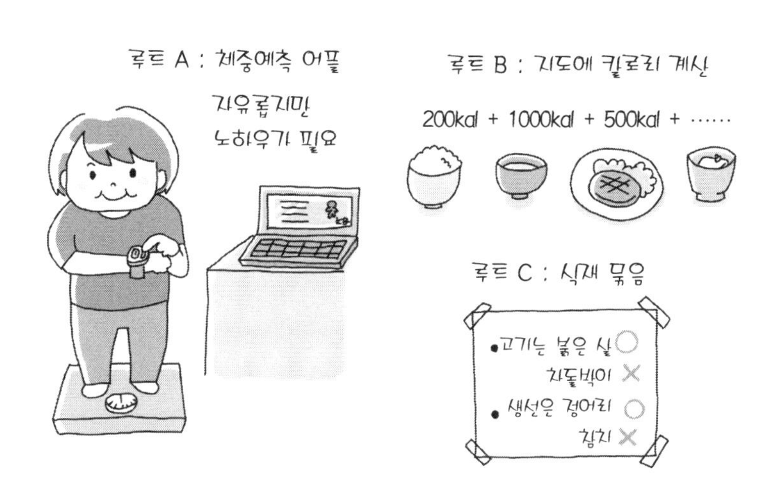

로 계산 가능하기 때문에 보통의 표 계산 프로그램으로 충분하다. 1일 칼로리가 초과하지 않는 범위에서는 메뉴도 자유다.

루트 B는 자유도와 계산 양의 밸런스가 좋은 방법이지만 하루에 먹는 것을 모두 적어 칼로리의 합산치를 산출하지 않으면 안 되는 점에서 조금은 귀찮은 방법이다. 그래서 계산이 필요 없는 웰빙 식품만을 먹는다는 다이어트법이 등장한다. 이것이 루트 C다.

설계자를 매료시키는 창은 단열성이 낮아 손실이 가장 크다. 식품에 비유하면 마치 고칼로리인 고기와 같은 존재이다. 단일 판유리창의 열 손실은 막대하므로 지방이 많은 차돌박이와 같이 다이어트의 강적이 된다. 그래서 고기를 사용한다면 낮은 칼로리인 붉은 살만 사용하는 것이 루트 C이다. 정해진 식품만 사용하면 되기 때문에 귀찮은 계산에서 해방될 수 있는 것이다.

루트 C의 식품 한정은 칼로리가 정해져 있지 않다

이렇듯 루트 C는 계산이 필요 없는 간편한 다이어트코스이다. 정해진 식품만을 고르면 자동적으로 합격이 되는 것이 최대의 매력이다. 다른 식품을 고르는 것은 불가능하다는 단점도 있지만 수고가 들지 않는 장점이 훨씬 크다. 이러한 식품 한정을 사양규정이라 부른다. 이 간편함이 선호되어 일본의 에너지 절약 기준의 신고(申告)는 이 루트 C로 실시되고 있는 경우가 거의 대부분이다.

그러나 여기에서 의문이 생긴다. 분명히 붉은 살코기만을 사용하면 차돌박이보다는 건강상으로는 좋으나 붉은 살코기라고 해도 고기는 고기이다. 곡물

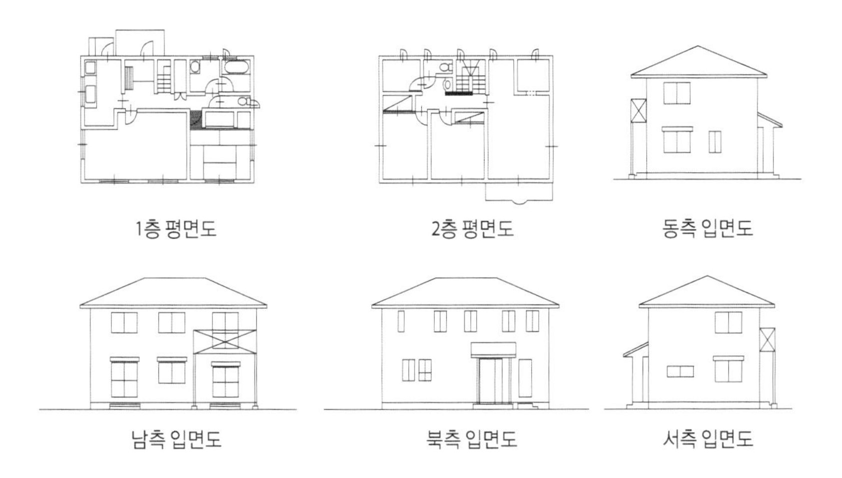

그림 5 **사양 규정으로 예상되는 표준주택**

「주택의 에너지 절약 설계기준 해설(일반재단법인 건축환경 · 성에너지기구)」을 참고로 작성

이나 야채에 비하면 칼로리는 높은 것이다. 많은 고기를 사용하는 메뉴라면 결국 칼로리가 높아지는 것은 아닐지….

실제는 정확히 우려 그대로이다. 고기뿐인 메뉴를 만들면 붉은 살코기만으로 한정한다 해도 고칼로리가 되어버려 결국은 체중을 줄이지 못하게 된다. 즉, 권장하는 메뉴를 결정하지 않으면 1일에 섭취하는 칼로리를 제한할 방법이 없는 것이다.

당연히 정부는 이미 기준 메뉴를 정하고 있다. 이것이 그림 5에 제시된 표준주택이다. 세밀하게 칸막이가 되어 있으며, 1, 2층이 연결되는 보이드 공간도 큰 창도 없는 평범한 보통 집이다. 즉, 정부가 표준주택으로 정하고 있는 것은 극히 일반적인 백반정식 메뉴이다.

루트 C는 어디까지나 이 표준주택에 대한 충분한 단열성이 확보 가능한 각

부위의 사양을 규정하고 있을 뿐이다. 어떤 평면, 어떤 창문이든 충분한 단열성과 쾌적성을 확보할 수 있는 것은 한 마디로 말하면 없다는 거다. 평범한 배치, 개구부라면 루트 C를 사용해도 크게 문제가 되지 않는다. 그러나 만약 자유도가 높은 스페셜 메뉴에 도전할 생각이라면 판에 박힌 사양 규정에 의존해서는 안 된다. 보다 자유도가 높은 루트 B나 루트 A에 도전해야만 한다.

루트 B의 칼로리 제한도 만능은 아니다

그러면 루트 B에서 벽이나 창의 사양을 부지런히 알아내서 열손실계수 Q치를 계산하여 목표치를 클리어하면 OK인가? 이 방법은 하루에 섭취하는 총칼로리를 제한하기 때문에 아침, 점심, 저녁에 고기뷔페와 같은 당치도 않은 식생활을 방지할 수 있어 루트 C보다는 현명한 방법임에는 틀림없다. 총칼로리만 클리어하면 사양 규정에 없는 식품을 사용해도 상관없다. 게다가 루트 C에서는 등급 4 합격이라는 것밖에 모르겠지만 루트 B라면 '이 집은 Q치는 얼마입니다!'라고 숫자상으로 성능을 어필할 수 있는 것도 큰 장점이다.

그러면 Q치가 올바르게 계산되어 그 수치가 에너지 절약 설계기준을 클리어하고 있다면 어떤 것이라도 좋은 것인가? 안타깝게도 대답은 NO다. 루트 B는 하루 칼로리는 제한하고 있으나 하루 중에 어떻게 먹을 것인지는 정하지 않고 있다. 적은 횟수로 한꺼번에 먹는 것은 살이 찐다는 것은 다이어트의 상식이다. 많은 횟수로 조금씩 먹는 편이 다이어트에 유리하다. 즉, 1일 중에 먹는 방법, 주택에서 바꿔 말하면 방마다의 단열성능이 문제가 되는 것이다.

앞에서 서술한 대로 Q치는 거실, 식당, 부엌, 아이들 방, 다다미방 등과 같이 방의 종류를 구별하지 않고 이것저것 뒤섞어서 하나로 쌓아 올린 집 전체에 대한 수치에 지나지 않는다. 만약 거실에 1, 2층을 관통하는 보이드 공간이나 큰 창이 설치되어 있다면 사람이 장시간 체재하는 공간에 열적인 약점이 집중된다. 이러한 약점의 집중은 집 전체의 단열성능을 제시하고 있는 Q치로는 확인할 수 없다. Q치를 만족했다고 그 안의 방에 실제로 거주할 때 에너지 절약적이며 쾌적하다는 것을 보증하지는 않는다는 것이다.

루트 A가 무리라면 한 등급 위의 사양으로

사양 규정대로 만들었으니 OK, Q치가 규정치보다 밑돌고 있으니까 괜찮다는 이론은 가장 기본적인 집을 설계하는 경우에만 통용된다. 설계자가 보다 자유롭게 공간을 설계하고 싶다면 보다 확실한 루트 A 방법으로 설계하는 것을 생각해야 한다.

단, 루트 A로 수행하기 위해서는 상당한 시간과 경험, 그리고 비용이 필요하다. 거기까지 가능한 설계자가 많지 않은 것이 당연한 것이다.

아무튼 우는소리를 해봐야 아무것도 시작되지 않으므로 현실적인 조언으로 마무리하고 싶다. 자유로운 공간 설계를 할 거라면 사양 규정이나 Q치를 면죄부로 삼아서는 안 된다. 루트 A의 계산은 무리라도 해도 루트 C에서 정해진 사양보다 한 등급 위 사양으로 해두어야 한다. 특히, 개구부의 성능을 향상시켜두는 것이 중요하다. 붉은 살코기라 걱정된다면 보다 저칼로리인 닭 가슴살로 해두는 것이 안심이라는 거다.

Q.13 기밀(氣密)은 숨이 막힌다?

A 기밀은 난방의 핵심
기밀 없이는 환기도 효과 반감

쾌적한 난방 실현의 핵심이면서도 아직도 이해되지 않은 기밀. 에코하우스의 설계자 사이에서도 일부러 기밀처리해서 기계환기를 하다니 바보 같다라는 속내를 입에 담는다. 이렇게까지 미움 받는 기밀. 정말로 바보 같은 것일까?

문제 1 : 난방 할수록 추워진다

따뜻한 공기는 힘센 장사. 여하튼 열기구는 데워진 공기의 힘만으로 하늘을 난다. 따뜻한 공기의 가벼움에는 바보로 취급할 수 없는 부력(浮力)이 있다.

기구의 외피(구피)는 완전히 기밀하기 때문에 따뜻한 공기는 새지 않는다. 그러나 기밀성이 없는 주택은 흡사 큰 구멍이 뚫린 기구와 같다. 모처럼 따뜻해진 공기는 건물 상부의 지붕이나 벽에서 앞다투어 도망가버린다.

더 나쁜 점은 위에서 도망 간 공기를 대신 메우기 위해 외부의 차갑고=무거운 공기가 밑에서 사정없이 침입해온다. 즉, 난방할수록 거주역이 추워지는 것이다(그림 1, 그림 2).

석유, 가스난로나 팬히터 그리고 최근 주목받고 있는 장작이나 펠릿을 사용한 난로는 고온의 몹시 가벼운 온풍을 내뿜기 때문에 이러한 악영향이 특히 크다. 방대한 난방에너지를 쓸데없이 버리면서 거기다 춥다. 참으로 계산이 맞지 않는 이야기 아닌가.

그림 1 기밀 시공을 하지 않고 난방을 하면 냉기가 들어온다

주택의 따뜻한 공기와 차가운 공기. 기밀 시공을 하지 않은 경우, 난방기구(중앙)에서 나온 따뜻한 공기는 실 상부의 틈새로 빠져나가 버린다. 그만큼 차가운 공기가 실 하부에서 침입해오기 때문에 난방을 하면 할수록 추워진다.

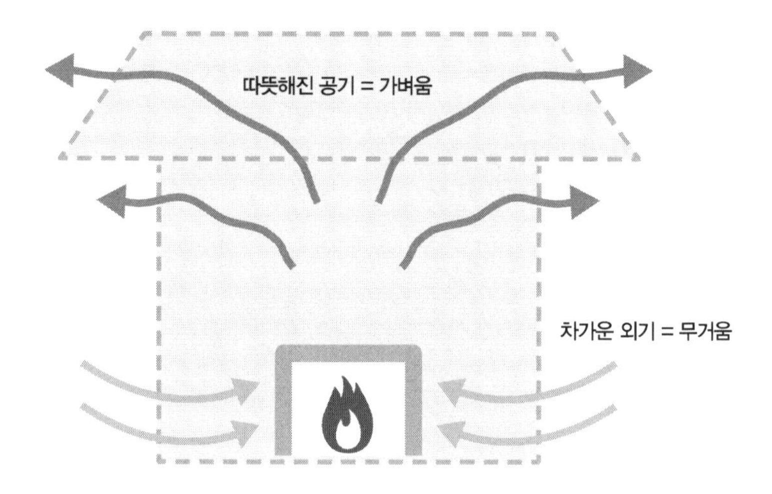

그림 2 제대로 난방을 하고자 한다면 기밀성 확보부터

CFD 시뮬레이션 결과로부터 따뜻한 공기가 빠져나가고 차가운 공기가 침입하는 현상은 공기난방에서 현저함

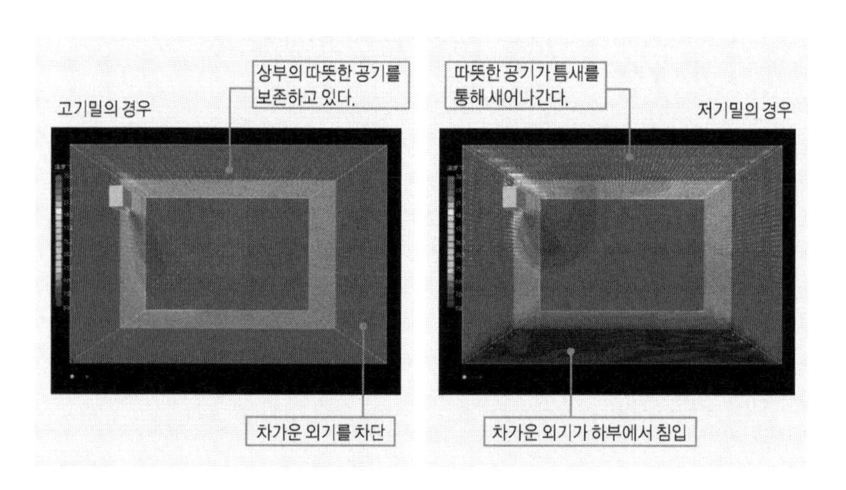

문제 2 : 단열의 효과가 없다

기밀 시공을 하지 않으면 열심히 시공한 단열도 무의미하게 된다.

주택 레벨에서 단열을 한마디로 말하자면 공기의 흐름을 멈춘다는 것이다. 단열재는 섬유나 수지로 공기를 잡아 중지시키고 있으므로 열을 새어나가지 않게 하는 것이다. 단열재를 아무리 벽에 설치했다고 해도 틈에서 공기가 움직여버리면 효과는 격감된다. 겨울에 큼직하게 목 언저리가 잔뜩 벌어진 스웨터와 딱 맞는 사이즈인 터틀넥, 어느 쪽이 따뜻할까를 생각하면 답은 자연스레 알게 될 것이다.

문제 3 : 환기가 불가능하다

기밀성이 높으면 숨이 막힌다. 기밀성이 낮은 쪽으로 공기가 들어온다. 자주 들어왔던 이론이지만 이렇게 침입해오는 변덕쟁이 공기는 침기이며, 환기는 아니다.

환기라는 것은 실내의 공기질을 보장하기 위해 1년 내내 늘 확보된 공기의 흐름을 말한다. 그 때문에 어떻게든 24시간 가동하는 기계환기가 필요하게 된다. 기밀성이 확보되지 않으면 아무리 기계환기를 설치해도 중요한 거실의 공기는 오염된 채 정체하게 된다(그림 3, 그림 4). 기밀과 기계환기 두 가지는 세트로 생각할 필요가 있는 것이다.

기계로 환기를 하면 쓸데없이 전기를 사용하는 것이 아닌가? 분명히 그 말 그대로다. 그러나 환기팬의 초절전은 급속하게 진행되고 있다. 기밀성이 확보되지 않아 낭비되는 난방에너지와 비교하면 그다지 문제가 되지 않을 정도의 전력밖에 사용하지 않는 것이다.

역시 기밀은 자연스럽지 않다?

에코하우스라고 불린다면 제대로 기밀성과 단열성능을 확보하고 공기질의 유지에 필요한 풍량을 기계환기로 확보하는 것이 대원칙이다. 난방부하의 저감, 쾌적성 향상, 공기도 깨끗하게 등 좋은 것투성이기 때문이다.

그러나 역시 납득할 수 없는 사람이 많을 것이다. 활동하고 있는 공기를 잡아서 가둔다는 것은 너무나도 부자연스럽다. 실은 필자도 그렇게 느끼고 있다.

그러나 생각해보면 추운 겨울에 따뜻한 공기를 만들려고 하는 것 자체가 물리적으로는 완전 부자연스러운 일이다. 외부와 실내의 공기가 같은 온도라도 좋다면 기밀도 단열도 전혀 쓸모가 없을 것이다. 건물을 대충대충 시공하고 겨울은 참고 봄이 오는 것을 기다려라. 그것이 자연이라는 것이다라는 것도 하나의 견해일지 모르겠다.

하지만 인간은 본래 약한 생물. 얼어버릴 것 같은 추위에 꿋꿋이 살기 위해서 예로부터 필사의 노력을 거듭해왔다. 따뜻한 방에서 생활하고 싶다, 쓸데없이 에너지를 사용하고 싶지 않다, 깨끗한 공기를 마시고 싶다…. 이러한 자연스러운 욕구를 이루기 위해 냉철한 자연의 물리 법칙에 맞서는 기술을 인간은 필사적으로 고안해왔다. 고단열, 고기밀의 기술에는 사람들이 원하는 것을 이루기 위한 따뜻한 지혜가 담겨져 있다. 그렇게 생각하면 기밀이라는 말도 그렇게 숨 막히는 느낌은 없지 않을까.

그림 3 기밀성이 확보되지 않으면 환기의 효과는 격감

기밀성이 낮은 상태에서 기계환기를 해도 거실의 오염된 공기는 치환되지 않는다. 기밀성을 확보하지 않는다는 것은 공기의 질에 책임을 지지 않는 것과 마찬가지다.

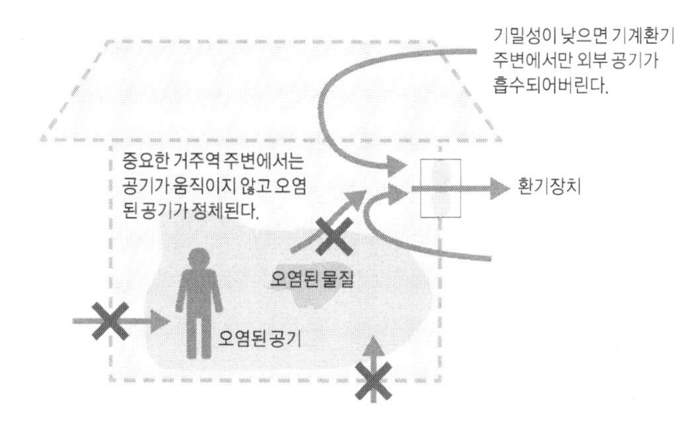

그림 4 환기를 제대로 하기 위해서는 기밀성이 요구됨

CFD 시뮬레이션: 기밀성이 제대로 확보되지 않으면 흡기구 → 배기구의 흐름이 생기지 못해 오염물질을 배출하기 어렵다.

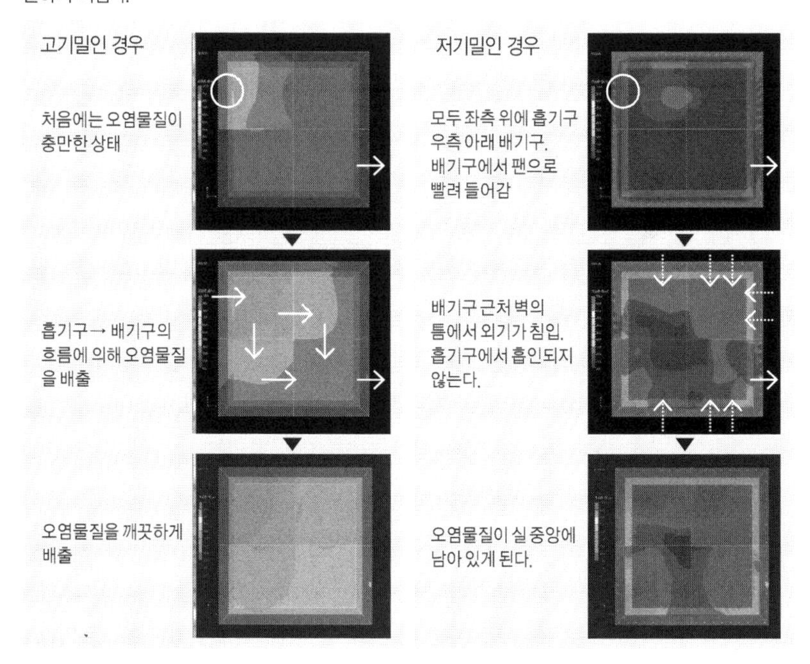

제4장

난방

단열, 기밀을 제대로 시공했다고 해도 좀처럼 無난방은 어렵다. 추운 겨울을 나기 위해서는 난방의 도움은 불가결하다. 그런데 일본에서는 난방의 모범답안이 발견되고 있지 않다. 쾌적하고 에너지 절약이 되는 난방은 어떻게 해야 하는가? 애당초 난방이라는 것은 무엇인가? 생각해보자.

Q.14 난방으로 몸을 따뜻하게 하자?

A 몸을 가열하기 위해서는 채난(採暖)
난방은 공기와 벽을 따뜻하게 하여 몸에서의 열이 방출되는 것을 막는 것이 목적이다.

제3장에서는 건물의 벽, 창문의 단열이나 평면에 관해 논의하였다. 건물의 평면이나 외피를 제대로 설계하는 것으로 겨울의 난방에 소요되는 에너지를 대폭으로 줄여 쾌적한 실내 환경을 만드는 것이 가능하다. 그러나 현실적으로 가능한 단열로는 좀처럼 無난방이라 말하기는 힘들다. 역시 난방기구의 도움이 필요하다. 여기에서는 대체 난방이란 무엇인가를 생각해보자.

열전달 방법은 3가지

난방은 인체의 열을 주고받는 것을 제어하는 것이므로 제일 처음으로 우선, 열전달 방법에 관해 생각해보자. 열전달 방법은 전도, 대류, 복사의 3가지 종류로 분류 가능하다(그림 1).

그림 1 전도는 펀치. 대류는 공. 복사는 레이저빔

가고시마출판회 「건물은 어떻게 일하고 있는가?」(에드워드 알렌 著)를 참고하여 작도함

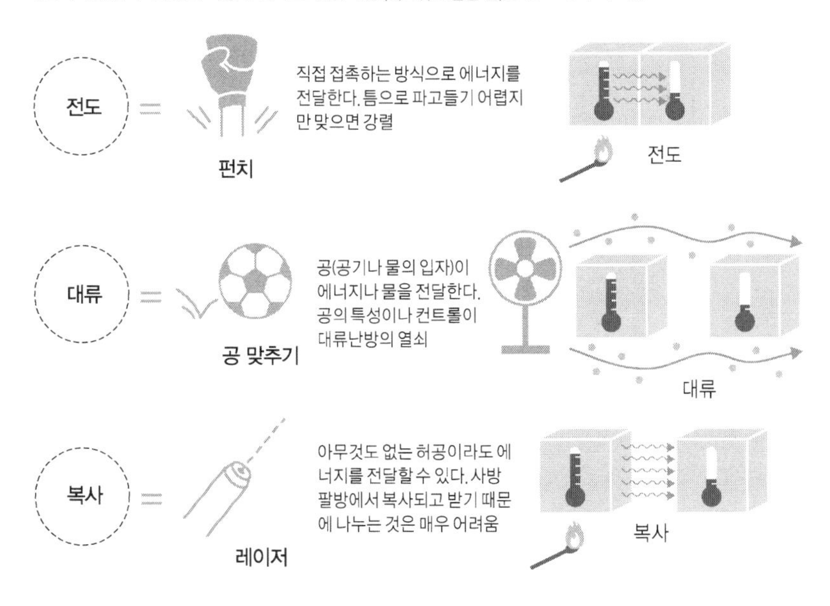

전도는 직접 접촉하여 열이 전해지는 것이므로 가장 이해하기 쉽다. 몸이 물체에 접촉하는 것은 발바닥 등 극히 일부이므로 난방에서 전도가 큰 역할을 하는 경우는 많지 않다. 단지, 한 번 접촉하면 열의 이동량은 꽤 많다. 겨울철에 차가운 방바닥을 맨발로 걷는 괴로움을 생각해보면 전도의 파워가 잘 이해될 것이다. 전도라는 것은 바로 닿지 않으면 안 되지만 닿으면 넉 아웃 가능한 강력한 펀치와 같은 것이다.

대류는 공기나 물과 같은 매체가 많은 작은 공으로 이루어져 서로 물체에 부딪히면서 에너지를 전달하는 것. 이 공은 뜨거운 것에 닿으면 열을 받아 데워지고 차가운 것에 닿으면 열을 잃어 차가워진다. 이 공 사이의 열의 주고받기에 의해 떨어져 있는 것과의 열 전달이 가능하게 된다. 에어컨이나 팬히터에서 불어오는 온풍의 이미지다. 뒤에 서술하겠지만 공기는 성능이 좋은 공이라고는 할 수 없지만 그 대신 인체를 둘러싸고 있기 때문에 영향은 꽤 크다.

마지막으로 귀에 생소한 것이 복사라는 전달 방법. 복사는 신기한 열의 전달법으로 펀치나 공과 같은 물체를 전혀 필요로 하지 않는다. 공기도 그 무엇도 개의치 않고 힘차게 날아간다. 레이저빔과 같은 물건. 대류와 같이 돌아가는 등의 귀찮은 일도 하지 않는다. 복사에 관해서는 Q.18에서 다시 설명하겠다.

난방은 인체를 가열하지 않는다

전 단락이 다소 길어져버렸으나 중심 주제인 난방의 의미를 생각해보자. 대체 쾌적한 난방이란 무엇일까?

주의해야만 하는 것은 여름 냉방 시는 물론이거니와 겨울 난방 시에도 인체는 늘 열을 방출하고 있다는 사실(그림 2)이다.

난방이라고 하면 몸을 데우고 있는 듯한 이미지가 있지만 이것은 큰 착각이다. 인체는 음식을 통해 1일 2000kcal(≒8400J) 전후의 에너지를 섭취하

그림 2 난방 시에도 인체는 방열하고 있다

방열이 적정한 상태가 되도록 공기나 벽의 온도를 조정하는 것이 난방

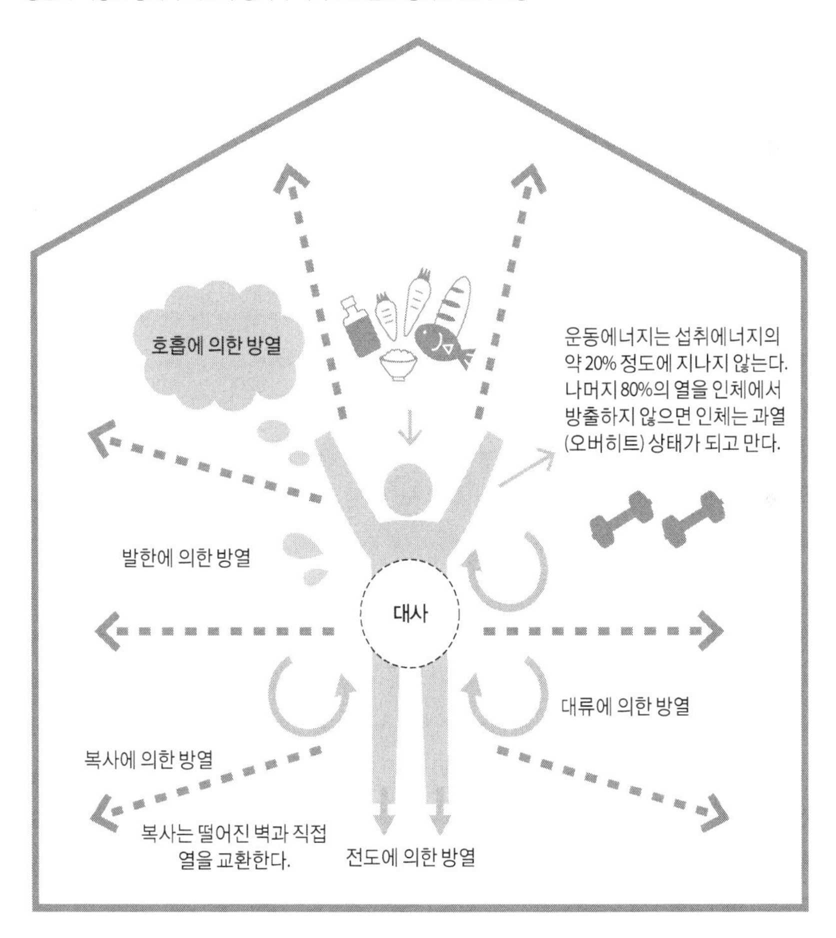

고 있으며 그중 운동 등으로 사용하는 것은 약 20% 이하, 남은 80%는 열이 되어버린다. 겨울철이라고 해도 이 열을 버리지 않으면 인간은 체온이 너무 올라가서 죽게 된다. 자동차의 엔진이 냉각 없이는 바로 오버히트가 되어버리는 것과 완전 똑같다.

반복되기는 하지만 방을 난방하는 것은 몸을 가열하기 위함이 아니다. 방의 공기나 벽의 온도가 너무 낮으면 인체로부터의 방(발)열량이 과대해진다. 방열량을 적정한 레벨(쾌적한 상태)로 억제하기 위해 공기나 벽의 온도를 높이는 것이다.

그림 3 일방향 복사와 인체의 부담

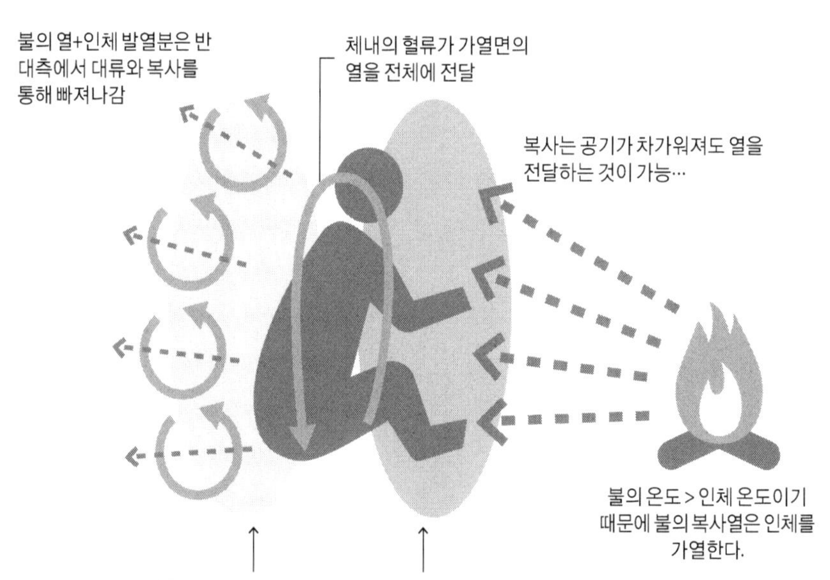

일방향 채난(採暖)은 위험

난방은 몸을 가열하지 않는다는 이야기를 듣고 뭔가 이상하다고 생각하는 사람이 있을지도 모르겠다. 불이나 전기히터에 손을 쬐면 분명 손은 따뜻해진다. 분명히 몸이 가열되고 있다고밖에 생각할 수 없다.

정답은 몸의 일부는 가열되고 있지만 몸 전체로는 열을 방출하고 있다. 불에 면하고 있는 앞면은 확실히 가열되고 있다. 한편으로 불에 면하지 않은 반대면은 차가운 공기에 의한 대류, 벽에서의 복사에 의해 강력히 냉각된다. 결국, 인체의 대사에 의한 방열량에 앞면의 가열량이 더해져 반대면에서 대량으로 방출되고 있는 것이다.

이러한 몸의 한면(일방향)을 가열하는 방법은 온기를 잡는다는 뜻으로 채난이라 불려, 난방과는 명확하게 구별된다. 일본에서는 한국의 온돌과 같은 본격적인 난방이 발전되지 않아, 이로리(囲炉裏, 방바닥 일부를 네모나게 잘라내, 그곳에 재를 깔아 불을 피우는 일본의 전통적 장치)나 화로 같은 채난으로 겨울을 버텨 온 경위가 있다. 현재에도 뿌리 깊게 남아 있는 스토브나 전기히터는 이러한 채난의 여파다.

채난으로도 괜찮다고 생각할지도 모르지만 이 인체의 앞면에서 반대면으로 열을 이동시키고 있는 것은 혈액. 혈액이 몸속을 순환하고 있는 동안에 앞면에서 가열되고 반대면에서 냉각되고 있는 것이다. 이런 엔진의 냉각액과 같은 일을 시키고 있다면 혈관이나 심장에 큰 부담이 된다는 것은 쉽게 상상이 간다. 약간의 시간이라면 문제없지만 장시간 지속되면 불쾌하며 건강 면에서 손실도 크다(**그림 3**). 겨울철에 몸 전체를 균등하게 차분히 방열시키기 위해서는 역시 공기와 벽을 적당한 온도로 유지하는 난방이 필요하게 되는 것이다.

궁극적인 쾌적 난방은 밥과 같은 공간

그렇다면 궁극적인 쾌적 난방이란 어떤 것일까? 이것은 채난의 정반대이다. 즉, 몸 전체에서 복사와 대류에 의해 밸런스 좋게 방열이 이루어지는 공간을 만드는 것이다.

이렇게 표현하면 꽤나 평범한 공간처럼 생각될지도 모르지만 실제로 그렇다. 모닥불에 해당하는 채난이나 냉풍을 쏘이는 채량, 그러한 쾌적감은 장시간 지속되지 않는 것이다.

이러한 채난이나 채량은 음식으로 치면 고기나 생선에 비유할 수 있다. 반찬으로 만들어 가끔 먹는 것은 맛있고 쾌감을 가져다준다. 그러나 아무리 좋은 고기나 생선이라도 매일 먹으면 질린다. 쾌감은 변화에 의해 되살아나지만 바로 사라져버려, 지속되는 것은 아니다. 게다가 쾌감을 불어 일으키기 위한 과잉된 변화는 때로 건강을 해친다.

미식가 만화에서 어떻게 다루어지고 있는지 모르겠지만 일본인에게 궁극의 메뉴라는 것은 틀림없이 밥일 것이다. 매일 먹어도 질리지 않고, 영양 밸런스가 잡힌 주식이다. 그거야말로 확실한 궁극이다. 온열감 평가에서 쾌적(快適)이란 불쾌하지 않은 것이다. 궁극적으로 쾌적한 냉난방이란 매일 장시간 있어도 불쾌함을 느끼지 않고 몸에 부담이 가지 않는 밥과 같은 공간을 만드는 것이다.

물론, 이러한 궁극의 쾌적 난방을 구현하는 것은 간단하지 않다. 쾌적성만을 생각하면 필요한 에너지는 종종 증가되기 쉬우므로 주의가 요구된다. 그러나 목표로 삼아야 하는 난방을 바람직한 난방에 관하여 이어서 생각해보도록 하자. 쾌적 난방으로 시작하는 것은 좋은 출발이다.

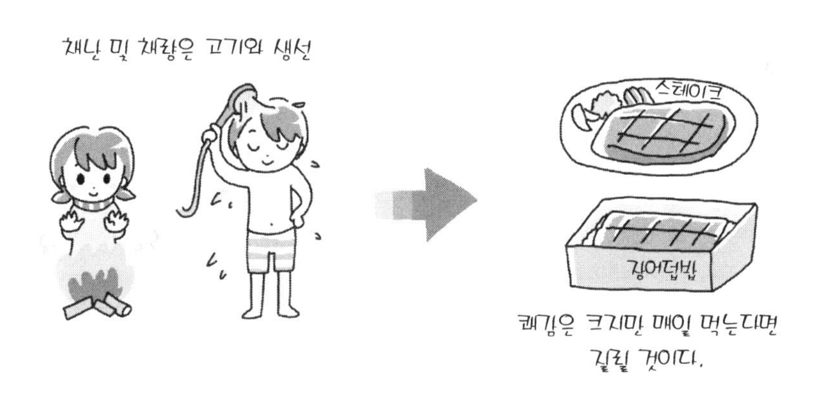

Q.15 공기는 유능한 일꾼?

A 공기는 대류로 열을 전달하는 주역
결코 우수한 일꾼은 아니지만 덕분에 우리는 쾌적하게 지낼 수 있다.

질 높은 난방이란 몸 전체에서 밸런스 좋게 방열이 가능한 공간을 만드는 것이라고 Q.14에서 기술하였다. 또한, 전기히터나 스토브 같은 고온의 복사 난방은 채난이며, 몸에 대한 부담이 크므로 적절하지 않다는 것도 알았다. 그러면 어떻게 난방을 하는 것이 좋을까? 우선은 공기로 난방하는 방법을 생각해보자.

공기는 인간에게 무엇보다 숨을 쉬기 위해 없어서는 안 되는 존재이다. 어차피 환기를 위해 공기를 움직이어야 한다면 더불어 열도 운반해달라고 하는 것과 같이 부지런히 공기가 집 안에서 열을 운반하고 있는 그림이 자주 눈에 띈다(그림 1). 그러면 벽이나 바닥 아래의 구석구석까지 공기가 고루 퍼져서 집 안 전체의 온도를 빠짐없이 균일하게 만들고 있을까. 그만큼 공기는 부지런하고 좋은 일꾼인 것인가?

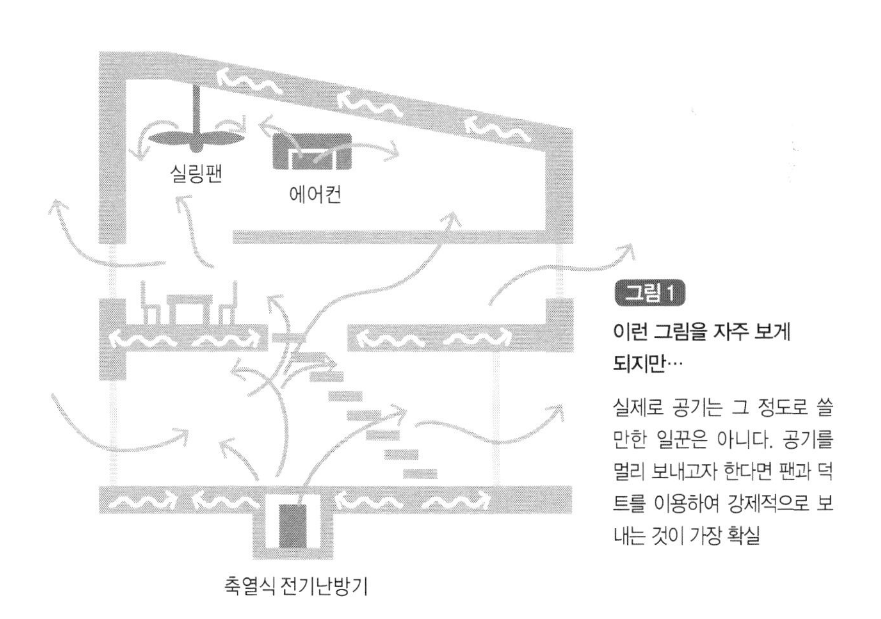

그림 1

이런 그림을 자주 보게 되지만…

실제로 공기는 그 정도로 쓸 만한 일꾼은 아니다. 공기를 멀리 보내고자 한다면 팬과 덕트를 이용하여 강제적으로 보내는 것이 가장 확실

대류는 공의 흐름, 공의 성능으로 전열(傳熱)능력이 결정된다

Q.14에서 열의 전달 방법에는 3가지가 있다고 서술했다. 전도와 대류, 복사 3가지이다. 이 중에서 떨어져 있는 물체와 물체 사이에서 열을 주고받는 것이 가능한 것은 대류와 복사이다. 복사에 관해서는 뒤에 서술하겠지만 간단히 말하면 오직 일방향인 특이한 공격을 하는 녀석으로 융통성 없이 고집불통이다.

이에 대해 대류는 공기나 물과 같은 유체, 즉 많은 작은 공의 흐름으로 열을 이동시킨다(그림 2). 열이 물체에 부딪히면 물체로부터 열을 빼앗아 공은 따뜻해진다. 차가운 물체에 부딪히면 물체에 열이 전달되어서 공은 차가워진다. 이 때문에 대류는 공의 흐름에 의해서만 열을 운반할 수 있으나 그 대신 물체의 반대면으로 돌아가는 것도 가능하다. 이 대류에 의해 인간은 주변의 공기와 열의 주고받기를 하고 있는 것이다.

그림 2 대류의 성능을 결정하는 3가지 요소

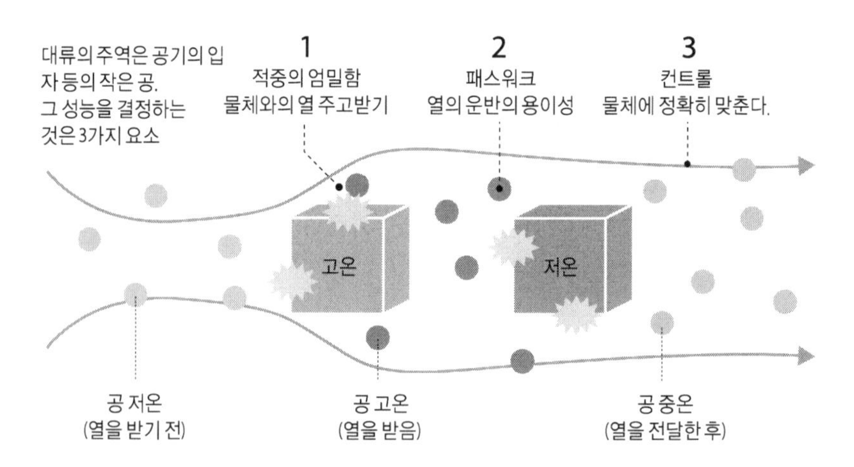

이 대류의 힘으로 난방을 행하는 경우를 생각해보자. 그러기 위해서는 공기가 어떤 작은 공에 의해 고온의 물체에서 저온의 물체로 열을 이동시킬 필요가 있다. 이 대류에 의한 열의 이동이 잘 되어 갈지는 다음 3가지 공의 능력으로 결정된다.

① 전달 능력 : 물체에 닿았을 때에 열을 주고받을 수 있는가?

② 운송 능력 : 물체와 물체 사이에서 많은 열을 운반할 수 있는가?

③ 컨트롤 : 흐름이 목표로 하는 물체에 닿지 않으면 의미가 없다. 목표로

그림 3 기체보다도 액체 쪽이 따뜻해지기 쉽다

왼쪽 그림은 기체와 액체의 데워지기 쉬운 정도(열 전달률 = 같은 넓이의 가열면에 접촉된 기체나 액체 등의 유체가 얼마만큼 데워지기 쉬운가의 지표)로 비교한 것. 기체의 따뜻해지는 정도는 액체의 100분의 1정도로 액체 쪽이 훨씬 데워지기 쉽다. 오른쪽 그림은 기체와 액체의 데우는 법을 나타내고 있다. 가열방법은 자연대류와 강제대류 2가지. 기체는 자연대류에서는 극히 일부의 열밖에 받아들이지 않아서 충분한 열을 공급하기에는 강제대류가 필수적이다. 일본기계학회전열공학(JSME텍스트시리즈) 기초로 작성

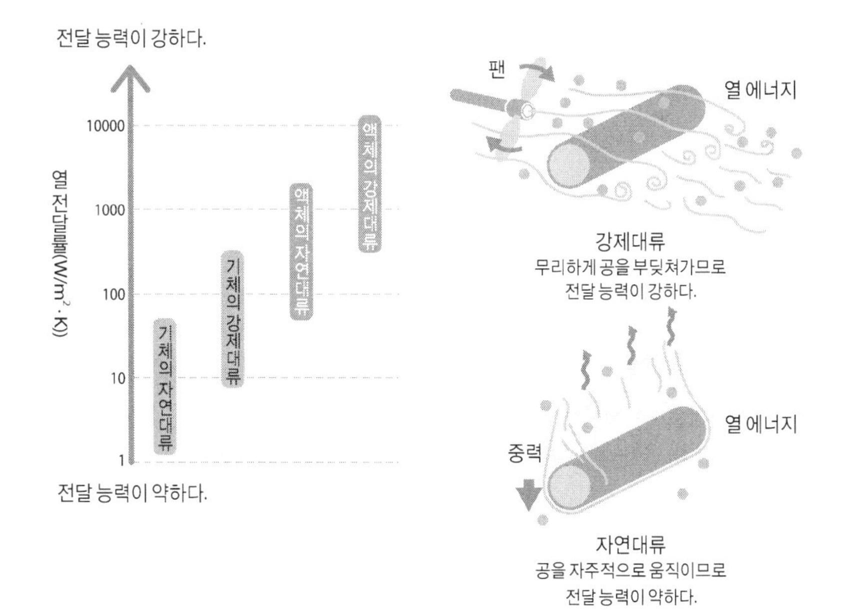

하는 물체에 올바르게 닿는 컨트롤이 불가결하다.

결론부터 말하면 공기는 완전히 열등생. 안타깝게도 열을 반송하는 모체, 즉 대류의 공으로서는 결코 우수하지 않다. 그 이유를 보자.

공기는 전달 능력이 약하다

우선 공기는 전달 능력이 약하다. 즉, 열을 빼앗고, 열을 주는 능력이 약하다. 그림 3의 열전도율은 같은 넓이의 발열면에 닿은 기체 · 액체 같은 유체가 얼마만큼 열의 주고받기를 하는지를 보여주는 수치. 이 수치가 커질수록 전달 능력이 강하다는 것을 의미하고 있다.

우선, 기체보다도 액체 쪽이 훨씬 전달 능력이 크다는 것을 알 수 있다. 유체를 데우는 방법은 주변의 유체가 데워져 부력에 의해 자연스럽게 교체되는 자연대류와 팬 등으로 발열면에 불어주는 강제대류의 2가지가 있다. 글자 그대로 자연대류는 자연적인 부딪힘, 강제대류는 강제로 부딪힘이라 할 수 있다. 당연히 강제대류 쪽이 훨씬 강력하다. 정말 비교도 되지 않는 것이다.

공기를 내버려두면 주변의 벽, 바닥 등에서 자연대류로 열을 받는 것뿐이기 때문에 굉장히 천천히 열을 주고 받는다. 싫어하는 공기를 무리하게 데우기 위해서는 다음과 같이 세 가지밖에 없다. ① 접촉면의 면적을 넓힌다, ② 접촉면의 온도를 높인다, ③ 풍속을 올려 강제대류의 효과를 높인다. 공기난방의 어려움은 에어컨을 예로 들면 알기 쉽다.

에어컨을 열어 보면 빽빽하게 얇은 알루미늄 판이 늘어서 있다. ① 판으로 접촉면을 넓혀, ② 판을 통과하는 대체프론(냉매)의 온도를 높게 하고, ③ 팬으로 바람을 불어준다의 3가지를 제대로 실행하고 있다는 것을 알 수 있다. 이렇게 해야 겨우, 공기를 난방에 도움이 되는 정도로 데우는 것이 가능한 것이다. 이와 같이 공기는 전달 능력이 약하다. 결코, 열을 부지런하게 주고받는다고 생각하지 마라.

공기는 운송 능력이 낮고, 컨트롤도 어려움

공기는 전달 능력이 약한 것뿐만이 아니다. 운반하는 열량도 극히 한정되어 있다. 즉, 패스도 잘 하지 못한다. 따라서 공기로 열을 확실히 전달하기 위해서는 서투른 패스도 몇 번이고 하면 된다고 말하는 것처럼 굉장히 큰 풍량이 필요하게 된다.

그리고 무엇보다 공기는 컨트롤이 어렵다는 것이다. 큰 공간에서 에어컨 냉방이 잘 되지 않아 난처했던 경험은 누구라도 있다(그림 4). 취출구에 가까운 곳의 공기는 냉방효과가 있지만, 그 효과는 조금 떨어지면 사라져버리는 사라지는 변화구. 공기 자체에 점도가 있어 운동 에너지가 곧 확산되어버리는 것이다.

바닥에 온기를 밀어 넣는 바닥취출난방 등의 설계에도 주의가 필요하다. 공기는 가능한 한 편안하게 통과할 길을 찾으므로 가까운 곳의 구멍에서 새어 나와 좀처럼 멀리까지 뻗쳐주지는 않는다. 바닥 아래(바닥취출) 에어컨을 일부에서는 실시하고 있지만 누기나 온도분포 차이 등 문제가 많다고 추측된다. 바닥을 데우고 싶다면 물이나 부동액을 펌프로 순환시키는 온수난방이 가장 확실하다. 공기의 사라지는 변화구로는 스트라이크를 던지는 것은 어렵다.

게다가 공기는 부력(浮力)도 문제가 된다. 불어오는 온풍의 온도를 높일수록 공기는 가벼워지므로 위쪽으로 떠올라 바닥까지 도달하지 않는다. 높이 뜬 공에 배트를 휘두르는 건 가망이 없다(Q.11 참조).

공기를 멀리까지 도달하게 하고자 한다면 팬과 덕트를 사용하여 강제적으로 도달시키는 것이 역시 가장 확실하다. 분명히 천장 안을 덕트가 꾸불꾸불 돌아다니고 있는 모습은 보고 있으면 그다지 유쾌한 일은 아니지만 이것은 역시 필요의 산물이다. 집 전체에 공기를 순환시키는 공기난방은 난이도가 높으므로 실적이 있는 전문업자에게 맡기는 것이 안심이다.

그림 4 공기를 열의 매개로한 난방은 어렵다

에어컨을 예로, 공기에 의한 난방의 어려움을 제시했다. 에어컨은 적절하게 사용하면 에너지 효율이 높아 굉장히 합리적으로 설계된 기기이다. 그러나 공기를 열의 매개로 한 난방방식이기 때문에 방 전체를 데우기에는 불리한 부분이 있다.

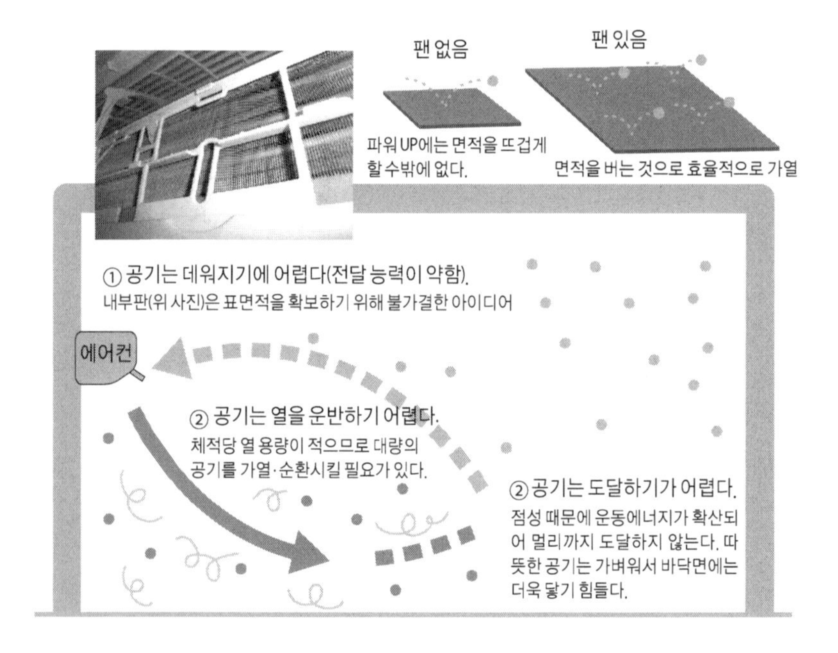

공기가 부지런한 일꾼이라면 곤란하다

이렇게 공기는 전달 능력이 약하다, 운송 능력이 낮다, 컨트롤이 어렵다 등 삼박자가 갖춰진 수수께끼 플레이어이다. 즉, 단순한 게으름뱅이인 것이다. 과도한 기대는 금물. 애당초 공기와 물이란 공의 무게도 다르고 무엇보다 체적당 공의 수가 비교도 되지 않는다. 애초부터 승부가 되지 않는다(그림 5).

그러나 공기가 게으름뱅이라고 해서 실망할 것은 조금도 없다. 우리들은 모두 그 태만의 은혜를 매일 받고 있으니까.

공기가 물처럼 부지런한 일꾼이라면 어떻게 될까. 20℃의 목욕물에 들어가는 것을 상상하길 바란다. 일꾼인 물은 부지런히 열을 빼앗아 나르고 사라져

그림 5 물은 공의 수 측면에서 급이 다르다

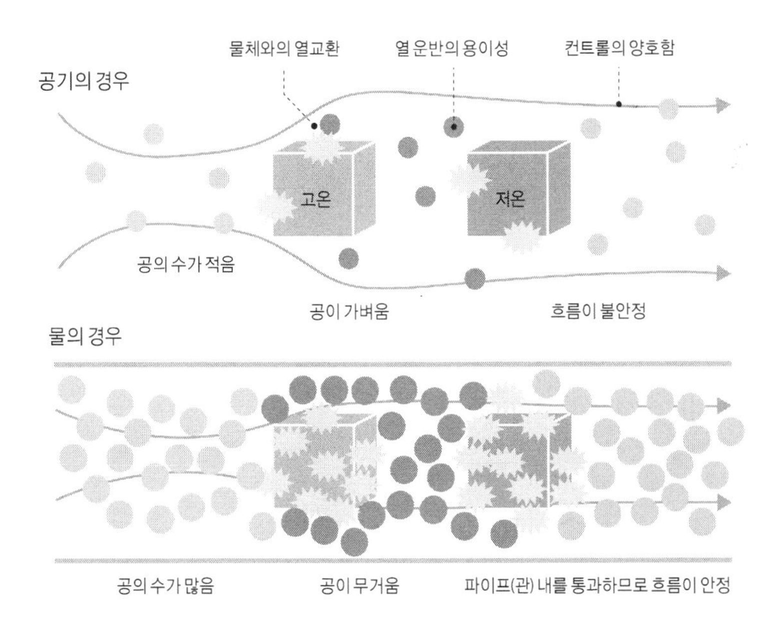

버리기 때문에 몸은 순식간에 차갑게 식어버린다. 공기의 대류에 의한 온화한 열교환 덕분에 우리들은 매일 쾌적하게 보낼 수 있는 것이 감사할 따름이다.

Q.16 에어컨은 난방에는 적합하지 않다?

A 사용방법이 틀리지만 않는다면 에어컨은 궁극적인 난방기구
풍량 줄이는 것은 역효과

앞에서 수직 보이드 공간(후키누케)을 에어컨으로 난방하는 것이 어려운 것임을 살펴보았다. 그러나 어떤 난방이라도 수직 보이드 공간을 난방하는 것은 만만치 않은 일이므로 에어컨만을 질타하는 것은 페어플레이가 아니다. 그렇기는커녕 오히려 에어컨은 궁극(窮極)의 난방기구이다.

에어컨의 단점과 장점을 냉정히 비교해보자(그림 1). 단점 1은 에어컨은 외부 공기로부터 열을 채취하여 실내에 투입하기 때문에 외부 공기 온도가 낮으면 채열하기 어려워지므로 난방이 가장 필요한 추운 날에 난방능력이 떨어지게 된다. 한랭지에서는 이것이 큰 문제가 되기 때문에 무리하게 에어컨 난방을 선택할 필요는 없다. 나무를 태우는 장작이나 펠릿난로가 올바른 선택이 된다(Q.19 참조). 그러나 온난한 곳이라면 눈초리를 추켜세울 정도로 난방 성능이 나쁜 편은 아니며 최근 기종에서는 제법 난방 성능의 개선이 이루어지고 있다.

단점 2는 지금까지 몇 번이나 다루어온 결점인데 냉방이 주 용도인 경우에

그림 1 에어컨의 장점과 단점을 정리하면…

에어컨을 예로, 공기에 의한 난방의 어려움을 제시했다. 에어컨은 적절하게 사용하면 에너지 효율이 높아 굉장히 합리적으로 설계된 기기이다. 그러나 공기를 열의 매개로 한 난방방식을 위해 방 전체를 데우기에는 불리한 부분이 있다.

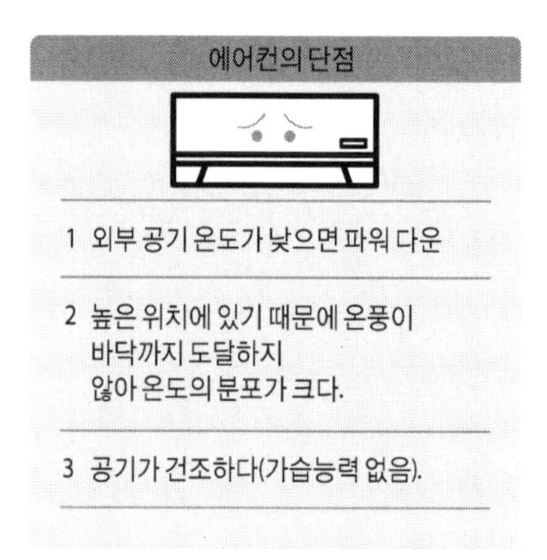

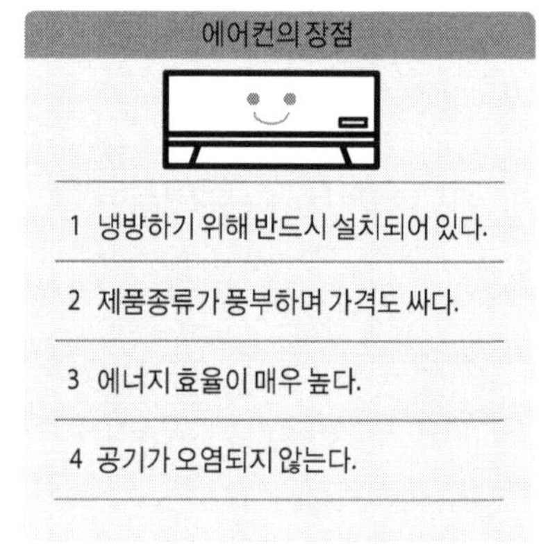

는 실 상부에 설치하는 것이 효율적이고 무엇보다 방해가 되지 않는다. 난방에 관해서도 단열, 기밀을 철저히 하고 방을 세밀하게 칸막이 하면 상당 부분 개선될 수 있으므로 포기하기에는 이르다.

단점 3은 가스나 석유 팬히터와 비교한 단점이나 실은 단점이라고 할 수는 없다. 가스나 석유 팬히터가 공기를 건조하게 하지 않는 것은 가스나 석유의 배기가스에 수분이 포함되어 있기 때문이다. 에어컨은 공기를 순환시키는 것뿐이며 오염시키는 일은 전혀 없다. 이것은 장점 4의 공기가 더러워지지 않는다는 것의 다른 측면이다.

이렇게 보면 에어컨의 결점은 난방 시 쾌적성의 부분에 대부분 집중되어 있으며 그 이외 부분에는 장점이 많은 것을 알 수 있다. 에어컨은 냉방을 위해 결국은 설치하게 되며 무엇보다 에너지 효율이 매우 높다. 그 고성능의 비밀을 조금 찾아보도록 하자.

에어컨의 심장 히트펌프

냉방에 관한 기술에서 에어컨은 소비한 전기의 몇 배나 되는 냉열을 만들 수 있다고 했다. 난방에 대해서도 에어컨은 적은 전기로 많은 온열을 만들 수 있다. 에어컨 본체의 라벨(사진 1)을 보자. 난방 표준능력은 5.0kW = 5000W, 전력은 950W이다. 950W의 전기로 5000W의 열이 어떻게 나오는가?

정답은 에어컨의 심장을 책임지는 히트펌프에 있다(그림 2). 히트펌프란 그 이름 그대로 열펌프. 즉, 각 집의 펌프가 지하에서 물을 퍼 올리듯이 밖의 차가운 외기로부터 열을 퍼 올리고 있는 것이다. 에어컨의 경우는 외기의 열은

사진 1 950W의 전기로 5000W의 열?

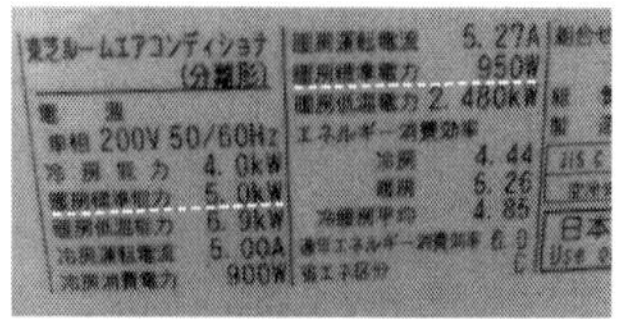

왜 950W의 전기로 5000W의 열이 나오는 것일까?
그 답은 에어컨의 심장을 책임지는 히트펌프에 있다.

그림 2

히트펌프는 열을 만들지 않고 단지 운반할 뿐

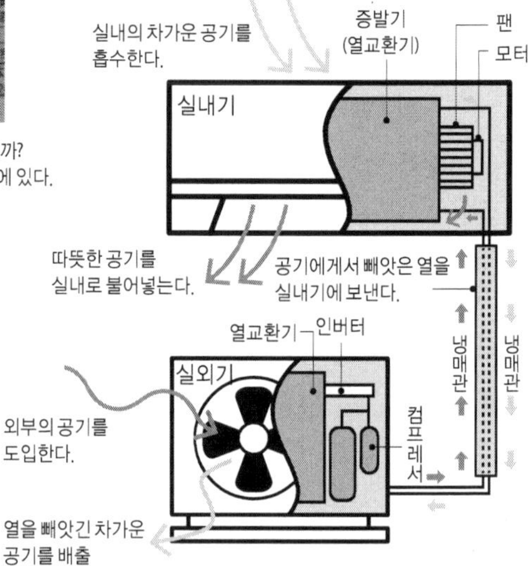

실외기에서 퍼 올려져 실내기를 통해 실내로 방열된다. 이 히트펌프의 구조야말로 에어컨이 에너지 절약성이 높은 비밀인 것이다.

히트펌프는 열의 브로커

왜 열을 퍼 올리면 고효율이 되는 것일까? 그것은 히트펌프가 편한 일을 하고 있기 때문이다. 즉, 스스로 열을 만들고 있지 않는 것이다.

히트펌프와 정반대인 것이 전기히터(그림 3). 히터는 너무 성실하게 스스로 열을 만들고 있다. 따라서 1이라는 열을 만드는 데에 1만큼의 전기를 통째로 사용해버리는 요령이 좋지 못한 녀석이다.

그림 3 요령이 좋지 못한 전기히터 vs. 요령이 좋은 에어컨

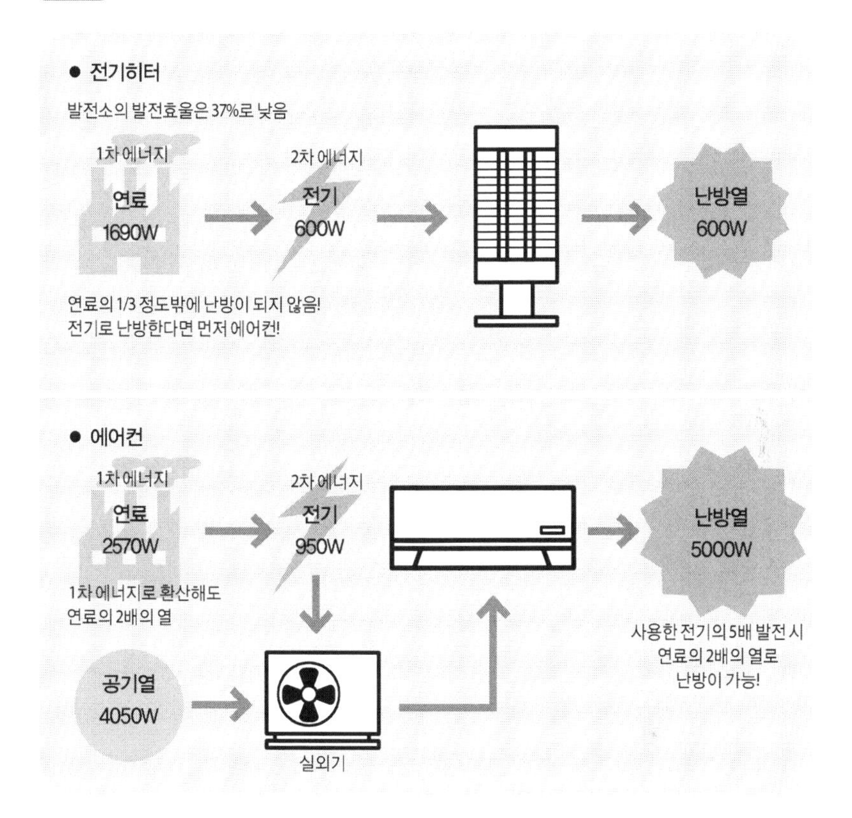

이에 비해 히트펌프는 외부 공기의 열을 실내로 전달하는 것에 지나지 않는다. 없었던 열을 만들고 있는 것이 아니라 이미 밖에 있던 열을 끌어오는 것뿐이다. 이를테면 히트펌프는 열의 브로커이다. 요령이 좋은 약삭빠른 녀석이다.

인간 세계에서는 요령이 너무 좋은 것도 생각해볼 일이지만 에너지 절약 측면에서는 대환영인 것이다. 게다가 어차피 열은 밖에 내버릴 정도로 있다. 빙점 이하의 외부 공기라 해도 절대 제로(= −273℃)에 비하면 충분히 따뜻하

다는 것을 잊지 말아야 한다.

다만 1의 전기로 5나 6의 전기가…라는 것은 너무 득이라 오히려 의심스럽게 들리지만, 이 숫자를 가스나 석유의 난방기구와 직접 비교하는 것은 잘못이다. 전기는 최고의 에너지이다. 발전소에서는 태운 연료의 37% 정도밖에 전기가 되지 못하므로 이 발전소에서 태운 연료의 에너지로 환산하는 것이 페어플레이다. 이것을 1차 에너지 환산이라 부른다.

1차 에너지로 환산하여도 에어컨의 경우는 발전소에서 태운 연료의 약 2배의 열을 이동시키는 것이 가능하다. 가스나 석유 난방기구로는 연료의 열량만큼, 즉 효율 100% 이상은 절대 불가능하므로 역시 에어컨에 필적할 수 없다.

효율 시험을 위한 숨은 특수대원도

물론, 에어컨이라고 완벽하진 않다. 그 높은 에너지 효율에 관해서도 석연치 않은 소문이 돌던 적이 있다. 그 하나가 폭풍모드의 존재다.

왠지 폭주족의 슬로건 같지만 당당한 에어컨 업계의 숨은 용어이다. 제조사에게는 카탈로그에 기재되는 에너지 효율(APF)을 높이는 것은 사활이 걸린 문제이다. 개발비를 들이지 않고 높은 효율의 숫자를 원하기 때문에 고안된 것이 이 부끄러운 이름의 운전모드라고 한다.

효율을 시험할 때 이 폭풍모드를 누르면 그때까지 조용하게 움직이고 있던 에어컨이 돌연 폭음을 내면서 큰 풍량으로 불게 된다. 요란스러워 평소의 생활에는 도저히 사용할 수 없지만 에너지 효율 하나는 발군이라는 참으로 고마운 모드이다.

효율의 생명! 폭풍모드의 교훈은?

이 금단 모드의 진위에는 이 이상 깊이 들어가지 않겠다. 여기에서 알아 두길 바라는 것은 에어컨은 풍량이 클수록 에너지 효율이 높다는 것이다.

에어컨이 처리 가능한 열량은 유량과 온도 차의 곱에 비례한다.

처리 가능한 열량 $\propto$ 풍량 $\times$ 온도 차

에어컨으로 난방을 하기 위해서는 풍량이나 온도 차 중 적어도 어느 한쪽으로 열량을 충당하지 않으면 안 된다. 풍량으로 충당하기 위해서는 팬을 눈금 최대로 돌리게 되지만 여기에 소요되는 전력은 극히 작으므로 경제적이다. 온도 차로 충당하기, 즉 난방 시에 보다 뜨거운 열을 만드는 것은 훨씬 어렵고 많은 전력이 필요하게 된다. 즉, 에어컨은 풍량으로 충당하는 것이 에너지 절약적이 된다. 이것이 폭풍모드의 노림수인 것이다.

에어컨의 풍량을 줄여서 사용하는 것이 에너지 절약이 된다고 생각하고 있

에어컨이 처리 가능한 열량은
풍량 ×온도 차에 비례한다.

는 사람이 여전히 적지 않지만 풍량은 줄여도 소비전력은 그다지 줄지 않기 때문에 주의가 필요하다. 게다가 풍량을 축소시키면 필요한 열량을 온도로 충당해야 하기 때문에 온풍이 고온이 되어 열 과다로 건조되는 리스크도 커진다. 폭풍모드는 그렇다고 치고, 바람을 허용 가능한 범위에서 적절하게 불게 하는 것, 실제로는 풍량 자동으로 해두는 것이 가장 좋은 사용법이다.

에어컨은 용량 큰 하나보다 작은 것 두개로

마지막으로 에어컨 난방이 잘 이루어지도록 하는 레이아웃을 생각해보자. 물론 외피의 단열, 기밀은 충분히 하고 필요에 따라 칸막이 가능한 공간 구성으로 해두는 것은 확실히 해두고 싶다. 그래도 LDK 등 칸막이가 어려운 넓은 공간은 남게 된다. 그런 대공간에는 어떤 에어컨을 설치해야 할까?

실은 큰 방에 큰 난방기능을 가진 에어컨을 1대만 묵직하게 설치했다고 해도 공조범위는 충분히 확산되지 않는다. LDK와 같이 넓은 공간을 공조하기 위해서는 소형 에어컨을 2대 설치하는 것을 고려하는 편이 좋다. 조금만 난방할 때는 1대만, 제대로 난방할 때에는 2대 운전 등의 유연한 운전이 가능하다. 소형 2대로 하는 것으로 냉방에서 다루었던 것처럼 고효율 기종을 선택하는 것도 가능하게 된다.

지금까지 설명한 것처럼 에어컨은 온난지에서 올바르게 사용하면 낮은 코스트로 최강의 에너지 절약 난방이 될 수 있다. 이유 없이 싫어하지 말고 그 장점, 단점을 냉정하게 간파하는 것이 중요하다.

Q.17 감추면 행복?

A 에어컨을 감추면 성능이 대폭 저하된다.
바닥난방이나 히터 등 감추기 쉬운 설비에도 주의!

아름다움은 실용성과는 무관한 것. 집 안에서 가장 유용한 장소는 화장실이다. 이러한 Less is More의 미학을 앞세워서는 공조나 급탕 같은 꺼림칙한 설비 등이 있을 곳 따위는 없을 것이다. 그 미학이 낳는 비극을 살펴보자.

에어컨은 감추면 안 된다

감춰지기 쉬운 설비의 필두는 그 밉상인 에어컨이다. 특히 일본식 방에서는 벽에 미닫이를 설치하여 실내기를 격납하는 경우를 흔히 볼 수 있다**(사진 1)**. 보기에는 깔끔하지만 이것으로 난방을 하려 하면 공기는 밑으로 불게 할 수 없어서 따뜻한(가벼운) 공기가 실 상부에 체류할 뿐 전혀 따뜻해지지 않는다**(그림 1)**. 난방을 제대로 실시하기 위해서는 에어컨의 실내기는 돌출되어 설치되어야 한다.

게다가 실외기, 이것 또한 보기 좋지 않고, 바람소리도 나기 때문에 미움받지만 이것들은 모두 히트펌프가 외부 공기의 열을 모으고 있기 때문이다(Q.16 참조). 이 실외기야말로 히트펌프의 심장인 컴프레서를 내장하여 열을 만들어

사진 1 실내기나 실외기를 감춘 예를 종종 보지만…

좌: 벽에 감춰진 실내기, 우: 완전히 감춰진 실외기

내고 있는 주역이다. 보기 싫다고 감춰버리면 여름의 배열, 겨울의 집열에 필요한 공기의 흐름을 막아 에너지 효율이 대폭 저하된다**(그림 2)**.

그림 1 벽에 감춰진 실내기는 바닥을 따뜻하게 하지 못한다

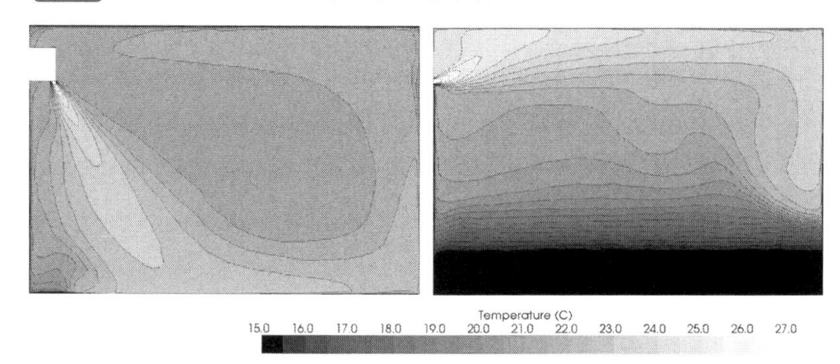

난방 시의 온도분포 시뮬레이션 결과. 통상, 에어컨(좌측 그림)은 난방 시에 아래쪽으로 바람이 불기 때문에 온도 성층이 작다. 벽에 감춰진 에어컨(우측 그림)은 바로 옆으로 밖에 불어내지 못하기 때문에 실내 하부에는 온기가 거의 도달하지 못한다.

그림 2 실외기를 감추어 놓으면 배열을 하지 못한다

냉방 시에 실외기 주변의 온도분포를 시뮬레이션한 결과, 주변에 울타리가 없는 경우는 배열이 조속하게 흘러 사라진다(위 그림).
에워싸면 배열이 얽매이게 되어 고온의 공기가 다시 불어와 에너지 효율이 대폭 저하된다.

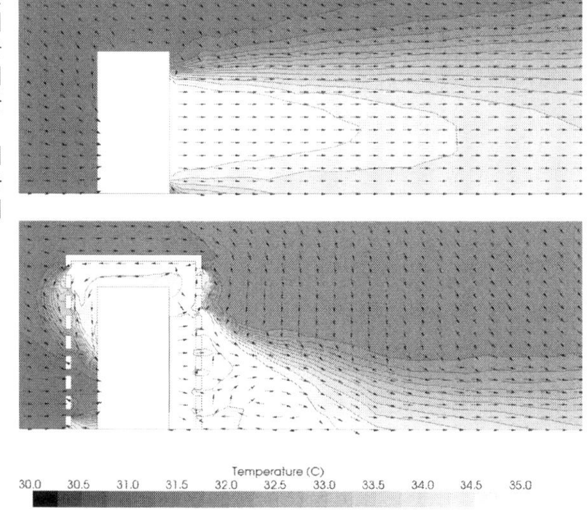

즉, 1개의 실외기에 복수의 실내기를 가지는 멀티 에어컨은 일반적으로 형식도 낡았고 값이 비싸며, 게다가 에너지 효율도 낮은 편이다. 실외기를 하나로 하고 싶다며 안이하게 선택하지 않았으면 한다.

바닥난방 선호의 속내

에어컨과는 대조적으로 설계자에게 사랑받는 난방이라고 한다면 바닥난방을 빼놓을 수 없다. 소리나 바람을 일으키지 않고 온도의 불균형이 없이 양질의 온열환경을 만들 수 있다(Q.11 참조).

그러나 설계자에게 있어서 최대의 매력은 설비를 완전하게 은폐할 수 있다는 것이다. 모던한 리빙의 필수 아이템이라고도 말할 수 있는 바닥난방, 실은 약점을 얼마든지 가지고 있다.

우선, 가열능력이 작기 때문에 가동에 시간이 걸린다. 바닥난방에 의한 공기 가열은 자연대류이지만, 이것은 Q.15에서 다루었듯이 가열량이 제약된다. 바닥 표면온도를 올리면 가열량을 증가시킬 수 있지만, 신체에 직접 닿는 바닥난방은 저온 화상의 위험이 있으므로 그것도 곤란하다.

결국, 바닥난방의 가열능력은 1㎡당 100~200W 정도이다. 방열면의 설치율(통상 60~70%)을 생각하면 (일본식) 다다미방 10조(18.6㎡)에서는 2000W 이하의 가열량밖에 되지 않는다. 강제대류 방식인 에어컨이나 가스 석유 팬히터가 6000W 정도인 것과 비교하면 약 3분의 1 정도의 가열능력밖에 되지 않는 것이다.

그림 3 바닥난방의 주의점

바닥난방은 온도의 불균형이 적은 질 높은 온열환경을 만들 수 있다는 장점이 있으나 설계 시에 주의해야 할 점이 적지 않다.

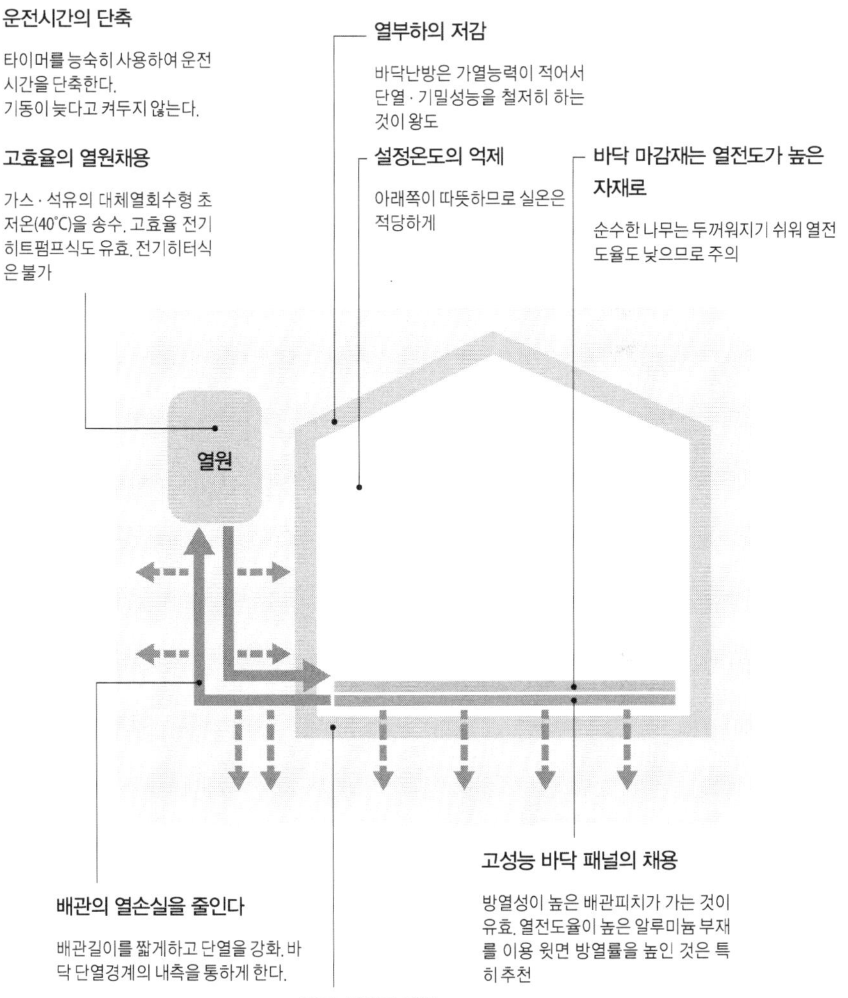

거기다 바닥난방은 방열 패널 아래쪽으로 배관으로부터의 열 손실이 크고, 또한 열원 효율에 한계가 있어, 에너지 효율이 저하되기 쉽다. 에너지 절약적인 바닥난방을 실시하기 위해서는 고효율인 열원이나 방열 패널을 채용하고 바닥 밑이나 배관의 단열 강화 등 주의 깊은 설계와 시공이 불가결하다(그림 3). 그리고 참고로 바닥난방 패널에 냉수를 흐르게 하는 바닥냉방은 바닥면에 냉기가 머물러 결로가 생길 수 있으므로 추천할 수 없다. 냉방은 역시 에어컨이 무난하다.

과묵한 전기히터는 금지

전기히터식 전기 바닥난방이나 전기온수기는 매우 매력적이다. Maintenance free로 발군의 긴 수명, 게다가 저렴한 가격. 설치는 전선을 연결하는 것뿐, 연소식이나 히트펌프처럼 외부 공기에 접할 필요도 없다. 완전히 무음, 무취로 어디에라도 감춰둘 수 있다…. 몹시 편리하지만 실은 귀중한 전기에너지를 그냥 묵묵히 열로 변환하기 때문에 에너지 효율은 최악이다 (Q.27 참조).

전기로 난방, 급탕을 할 경우에는 공기열을 모아 효율을 높이는 히트펌프식을 절대적으로 고를 것. 단순 히터식의 매력에는 주의하기를 바란다.

모든 세부요소는 필연

어느 유명 자동차 메이커의 모토는 모든 세부(細部)는 필연(必然). 설비의 형태는 물리의 필연에 정면으로 맞선 결과의 산물. 왜 보이는가? 돌출되어 있는

가? 소리가 나는가?…. 거기에 신기함이나 마법은 존재하지 않는다.

덮어놓고 싫어해서는 아무것도 되지 않는다. 선호하고 편리한 기능과 요소만이 아니라 필요 없고 보기 싫다고 여겼던 요소에 대해서도 필연의 산물이라 생각하고 지금부터 다시 한 번 설비와 마주해보면 어떨까!

Q.18 복사는 난방의 구세주?

A 복사는 강하다.
대류와의 밸런스를 잊지 말고

난방의 방법은 다양해도 쾌적성과 에너지 절약성을 둘 다 충족하는 결정적 해답은 좀처럼 찾기 어렵다. 에어컨 난방은 에너지 절약성은 높지만, 쾌적성이라는 의미에서는 역시 과제는 적지 않다. 이러한 종래의 냉난방 방식이 성에 차지 않은 설계자는 복사라는 키워드에 매혹되었다. 이 왠지 신비한 열의 전달 방식…. 과연 복사는 꿈의 냉난방을 가능케 할 것인가.

복사는 오로지 하나만으로 밀고 나가는 것

복사는 떨어져 있는 물체끼리 열을 주고받는 대류에 다음 가는 열의 전달 방법이다. 참으로 신기하게도 복사에 의한 열의 이동은 공기와 같은 모체를 필요로 하지 않는다.

주변에 있는 모든 물체에 사방팔방으로 열에너지를 방사하고 있다(그림 1). 고온의 물체도 저온의 물체도 절대 영도가 아닌 이상은 골고루 복사를 실시하고 있다. 그래서 그 방사된 에너지는 오롯이 직진하는 성격이 있다.

복사라고 하면 왠지 몸을 샅샅이 감싸줄 것 같은, 즉 돌아 들어가는 이미지가 있지만 이것은 완전한 오해다. 실제 복사는 오로지 직진만 있을 뿐이라 뒤로 돌아 들어가는 것은 당치도 않다. 그뿐인가, 그 도중에 있는 공기를 데우는 것조차 거의 하지 않는다.

복사는 돌아 들어가지는 않지만 거울과 같은 곳에서 반사하는 것은 가능하다. 비상용 간이담요에 알루미늄이 코팅되어 있거나, 보온병의 내측이 도금이

그림 1 모든 물체는 상호 에너지를 복사(방사)하고 있다

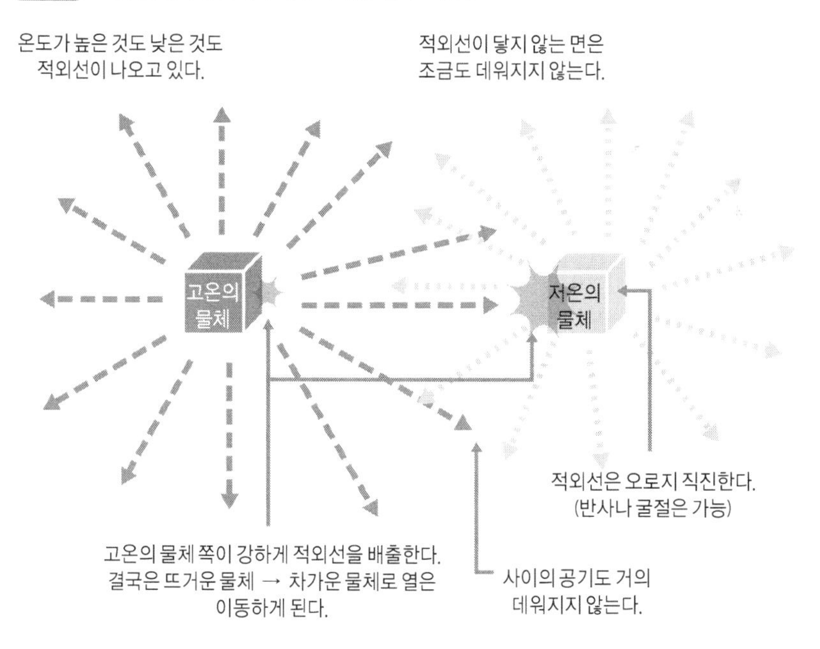

되어 있는 것도 이 복사에 의한 주고받기를 방해하기 위한 것으로 열이 도망가지 않도록 하고 있는 것이다.

모든 물체는 상호 서로 반사하고 있다. 그러나 고온의 물체의 복사 쪽이 강해서 저온의 물체로부터의 복사를 웃돌기 때문에 결국은 고온인 물체로부터 저온인 물체로 열이 전달되게 된다. 간략화하기 위해 이 책의 그림에서는 고온 측에서의 복사만을 주로 제시하도록 하겠다.

난로 앞 소파의 비밀

전기난로를 사용하면 복사에 의해 표면은 바로 고온이 된다. 복사는 대류와 같이 공기로 중계(전달)할 필요가 없어서, 즉 공기를 데울 필요가 없기 때문에 실내 온도가 낮은 경우라도 바로 따뜻해질 수 있다. 이것이 단열 기밀이 제대로 되지 않았던 일본 가옥에서 방열에 의한 채난(採暖)이 사랑받았던 이유 중 하나다.

그러나 복사는 공기로 전달되지 않기 때문에 뒤로는 돌아가지 않는다**(사진 1)**. 따라서 뒤쪽 면은 전혀 따뜻해지지 않아 몸에는 부담이 된다(Q.14 참조).

그래서 소파에 깊숙하게 걸터앉으면 이렇게 복사가 닿지 않는 등으로부터의 방열을 억제할 수 있다**(그림 2)**. 그러면 표면(전면)과 뒤(등)의 온도 차를 적게 할 수 있어 계속 릴렉스 가능한 것이다. 해외의 TV 드라마나 영화 속에서 난로 앞에 커다란 소파를 놓아두고 깊숙하게 걸터앉아 있는 것은 이러한 이유가 있기 때문이다.

사진 1 **복사난방은 뒤로 돌아 들어가지 않는다**

전기난로 앞에 물체를 두면 복사에 의해 표면은 금세 고온이 되지만, 반대면은 전혀 따뜻해지지 않는다.

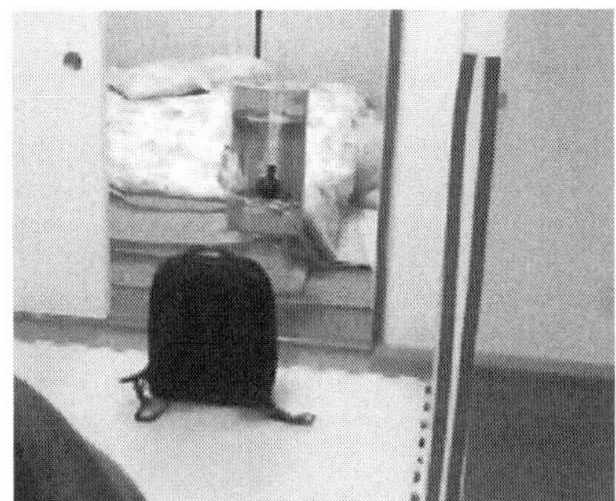

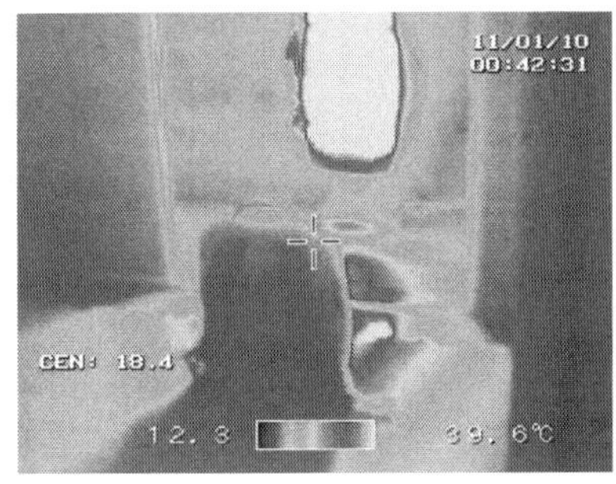

그림 2 **'난로에 소파'에는 의미가 있다**

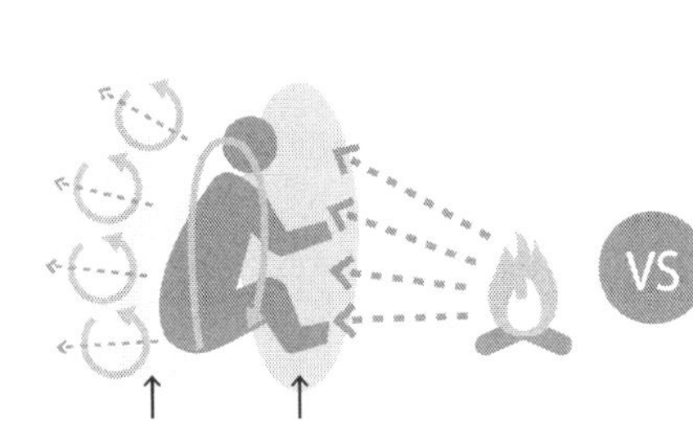

몸의 온도가 극단적으로 차이가 나기 때문에 불쾌하다. 대량의 열을 혈액이 순환시키므로 심장이나 혈관에 부담이 크다.

소파 깊숙이 걸터앉는 것으로 등에서의 방열을 막는다.

복사의 정체는 전자파

어떻게 복사는 아무것도 필요 없이 열을 전달할 수 있을까? 그것은 복사의 정체가 전자파이기 때문이다. 전자파라고 하면 꽤나 위험할 것 같은 생각이 들겠지만 전파도 적외선도 가시광도 자외선도 X선도 그리고 공포의 감마선도 모두 이러한 전자파의 일종(그림 3). 전기장과 자장의 변화가 서로 얽혀 공간 자체가 에너지를 가지기 때문에 공기나 물이라는 중계 역할을 필요로 하지 않는 것이다. 그래서 에너지를 가지고 있는 것은 모두가 이 전자파를 방출하고 있는 것이다. 전자파는 에너지에 따라 파장이 달라 에너지가 높을수록 파장이

그림 3 전자파는 파장에 따라 다른 성질을 나타낸다

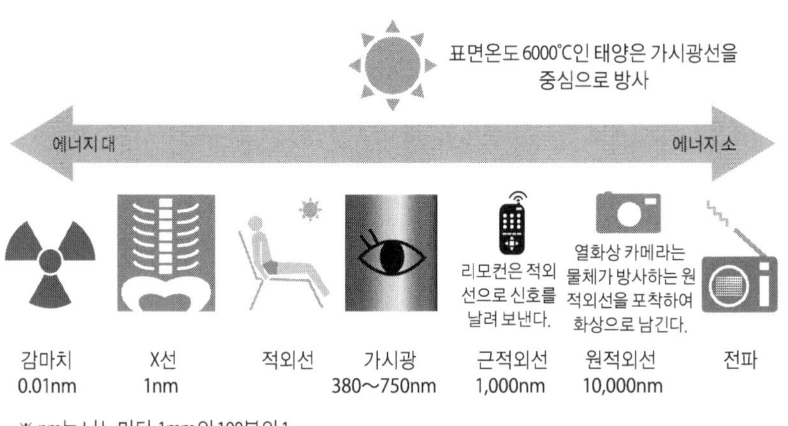

※ nm는 나노미터. 1mm의 100분의 1

난로의 표면온도(약 300°C)

인체의 표면온도

큰 개구부는 열적인 약점이 되기쉬우며 복사환경을 약화시키기 쉽다.

짧고 에너지가 낮을수록 파장은 길어진다.

초강력한 핵분열은 파장이 짧은 강력한 감마선이나 엑스선을 방출하고 태양과 같이 고온의 물체는 자외선이나 가시광선을 방출하고, 보다 저온의 물체는 파장이 길며 에너지가 약한 적외선을 방출한다.

인체를 포함하여 대개의 물체가 방출하고 있는 적외선은 파장이 조금 긴 원적외선. 열화상 카메라가 포착하고 있는 것은 이 원적외선이다. 고온 부분은 보다 단파장, 저온 부분은 보다 장파장인 원적외선을 배출하고 있기 때문에 파장의 차이로부터 표면온도를 알 수 있는 것이다.

궁극의 냉난방은 6면 냉온수 패널

인체는 물체와 직접 접하고 있지 않은 모든 부위에서 주변의 물체와 복사에 의한 열을 주고받고 있다. 그 때문에 인체의 방열량에서 복사가 차지하는 비율은 꽤 높다(그림 4). 복사를 무시하고 쾌적한 온열환경을 생각할 수 없다.

그림 4 복사의 비율이 가장 크다

공기 · 벽면이 21℃ 정도인 상태에서의 인체방열

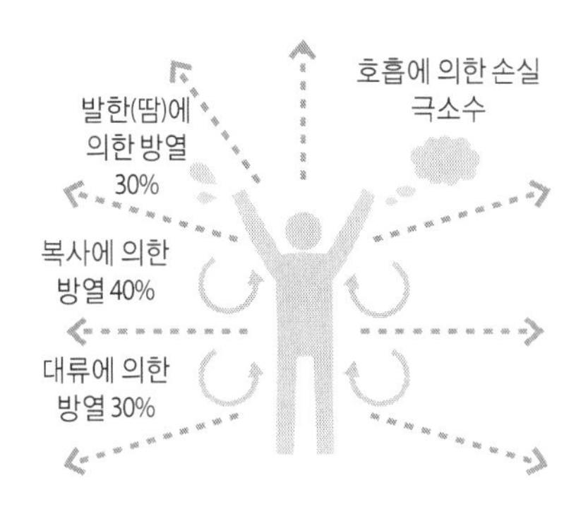

사진 2 복사온도계를 갖고 다니자

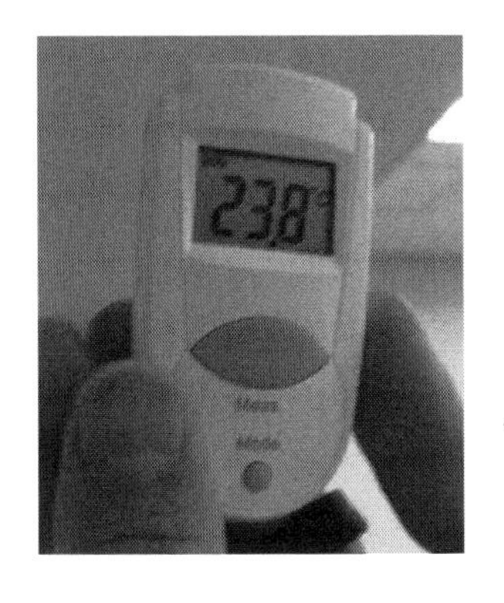

Q.14에서 화제로 삼은 궁극의 냉난방을 실현하기 위해서는 이러한 복사의 취급이 중요하게 된다. 인간을 감싸고 있는 모든 벽, 바닥, 천장의 표면온도를 포함하여 조절하고 성층이 없는 온열환경을 형성하는 것이 필요하게 된다. 6면 전체에 냉온수 패널을 빈틈없이 깔아서 겨울은 약간 따뜻한 물, 여름은 약간 차가운 물을 흐르게 하면 실현 가능하다. 차분한 복사와 대류가 당신을 온화하게 감싸주는 것으로 덥거나 춥다고도 느끼지 않는 궁극의 공간이 분명히 완성된다. 돈에 여유가 있는 사람은 시도해보기 바란다.

사방팔방 주의하여 살피자

이러한 궁극의 냉난방을 실현하는 것은 쉽지 않다. 그러나 이 궁극의 레시피에서 일반 집에도 적용할 수 있는 많은 힌트가 보인다.

하나는 대류, 복사 모두 성층이 없는 실내 환경을 만드는 것이다(그림 5). 특히 복사는 사방팔방으로부터 열을 빼앗는다. 그래서 방 전체를 빈틈없이 살피는 것이 중요하다. 그중에서도 차갑게 식혀진 큰 창은 대류에 의한 콜드 드래

그림 5 목표하는 것은 성층이 없는 실내 환경

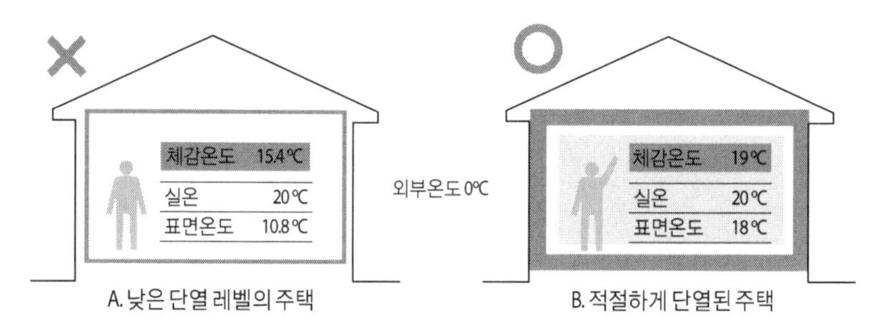

단열을 강화하면 궁극의 냉난방에 가까운 효과를 얻을 수 있다.
출전: 「주택의 에너지 절약 기준의 해설」 일반재단법인 건축환경에너지기구

프트뿐 아니라 그 거대한 면적에 의해 인체로부터 복사로 강력히 열을 빼앗아 버린다. 요즘 유행하는 커피 카페에서 큰 유리면을 등 뒤로 앉았을 때의 불쾌감을 생각해보길 바란다. 공기의 온도가 높은 것만으로는 안 된다. 인간이 장시간 머무는 공간의 창은 단열성을 확보함과 동시에 면적은 줄여서 단열 스크린 등을 설치해야만 한다.

두 번째는 바닥난방이나 라디에이터 같은 저온의 복사난방을 설치하는 경우에는 가능한 한 방열 면적을 크게 할 것. 반복하지만 복사는 대류와 달라 뒤쪽 면으로 돌아 들어가는 일은 거울로 반사하지 않는 한 절대로 없다. 적은 면적에서 무리하게 복사난방을 하려고 하면 앞에 말했던 채난이 되어버려 쾌적함이 의심스러워진다. 벽, 바닥, 천장의 전체 6면에 내장하는 것은 무리라고 해도 조금이나마 그 상태에 가깝도록 하는 노력이 필요하다.

복사면적을 늘리는 것으로 냉난방에 필요한 물의 온도 차를 낮추는 것이 가능하여 열원의 효율 향상에도 연결되고 쾌적성과 에너지 절약 모두 향상되어 일석이조. 반대로 말하자면, 복사면적을 확보할 수 없는 경우에는 복사난방은 쾌적성, 에너지 절약성의 모두에서 뒤떨어지게 된다. 복사난방은 무조건 최고는 아니니다. 할 거라면 어중간하게 하지 말고 본격적으로 확실하게 대처해야 한다.

최근에는 복사의 인식이 확산됨에 따라 복사온도계(사진 2)를 가지고 다니는 설계자가 증가하고 있다. 저렴한 값으로 가벼워서 1인 1대 반드시 휴대하게 하고 싶은 것이다. 분명, 새로운 발견이 있을 것이다.

Q.19 장작난로는 원시적?

A 장작난로는 하이테크. 포인트는 두는 곳과 굴뚝
아마추어적인 판단은 위험

예로부터 집 안의 에너지를 담당하는 것은 뭐니 뭐니 해도 장작이었다. 이로리(일본의 전통적인 난방장치)의 불은 취사, 조명, 급탕, 난방 같은 주택의 모든 용도에 사용되어 왔다.

나무는 대기 중의 CO_2를 광합성에 의해 탄소로 고정화시켜 줄기나 가지를 만들고 있다. 그것을 베어낸 장작은 소위 말해 태양의 통조림. 다행히도 일사가 풍족하고 습윤한 일본에서 나무는 쉽게 성장하므로 장작의 입수가 곤란하지는 않다. 실은 현재도 중국이나 인도 등의 농촌에서 장작은 여전히 주요한 에너지원이다(그림 1). 결코 과거의 유물 따위가 아니다.

이러한 장작이나 짚 같은 식물 유래의 연료를 바이오매스라 부른다. 바이오매스 연료를 태우면 CO_2가 배출되는데 그 CO_2는 원래 식물이 흡수하

여 광합성에 의해 탄소로 축적되어 있던 것이다(Q.21 참조). 나무가 대기 중의 CO_2를 흡수한다 ⇔ 장작이 타서 CO_2를 배출한다는 프로세스를 반복하므로 식물이 건강하게 자라고 있는 한 대기 중의 CO_2가 증가하는 일은 없다. 이것을 카본 뉴트럴(탄소중립)이라 부른다.

최근에는 장작을 연료로 한 난로가 조용히 인기를 얻고 있다. 환경에도 좋은 것은 틀림없다. 무엇보다 장작이 타서 흔들리는 모습이 뿜어내는 그 뭐라 표현할 수 없는 풍족함이야말로 최대의 매력이 아닐까.

이러한 정서가 풍부한 장작난로, 꼭 자택에 두고 싶다는 사람도 있을 것이다. 단지, 언뜻 원시적으로 보이는 이미지와 반대로 장작난로는 올바로 사용하는 것이 쉽지 않다.

그림 1 **농촌에서는 지금도 장작이 주요한 에너지원**

연료 종류별로 본 각국의 세대당 에너지 소비량. 주환경연구소 조사

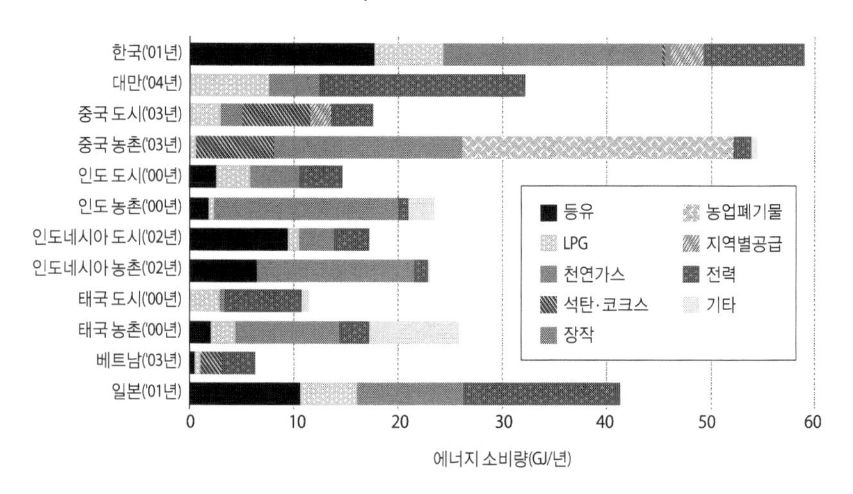

장작이냐 펠릿이냐 그것이 문제로다

목질 바이오매스로서 널리 사용되고 있는 것에는 장작 외에도 펠릿이 있다. 장작의 크고 부피가 커서 태우기 힘들다는 결점을 해결하여, 석유에 가깝게 사용하기 편리하도록 나무를 미리 잘게 부수어 작은 입자로 만든 것이 펠릿이다(사진 1).

사진 1 나무를 낱알로 만든 펠릿

연료를 장작과 펠릿 중 어느 쪽으로 할까가 큰 갈림길이다. 그 차이는 꽤나 복잡하지만 여기에서는 단순하게 한 가지, 전원의 유무로 정리해보자(그림 2).

많은 장작난로는 전원이 불필요하다. 착화할 때에는 성냥이나 라이터로 불을 켜서 신문지나 잔가지로 불씨를 지펴, 그다음 장작을 능숙하게 늘어놓고 불을 이동시켜 간다. 방을 데우는 방법도 뜨거워진 본체의 표면에서 복사와 자연대류에 의해 자연스럽게 확산되어 간다. 장작난로의 표면이 새까만 것은 복사를 효율적으로 시행하기 위해서다. 검정은 가장 효율 좋게 적외선을 방출 할 수 있는 색이다. 연료의 보급도 수동이므로 다 타버리기 전에 새롭게 장작을 추가할 필요가 있다. 즉, 수고가 든다는 것이다.

한편 대부분의 펠릿은 전원이 필수이다. 그 전기를 사용하여 착화는 전기 히터로 펠릿을 가열하여 자동적으로 행할 수 있다. 연료의 보급도 자동이라 전원 모터에 의해 펠릿이 연료 받침에 굴러떨어진다. 전기팬에 의해 온풍이 불어 나오므로 열은 주로 강제대류로 전해지게 되어, 난로라고 불리고는 있지만 실제는 팬히터다. 복사의 비율이 작기 때문에 본체의 색이 화이트나 실버 등 방사율이 낮은 것이라도 OK다.

이렇게 비교해보면 펠릿난로 쪽이 여러모로 편리. 작고 핸들링이 좋은 펠릿의 낱알을 전기로 컨트롤 한다. 태운 후에 남은 재도 펠릿에서는 놀랄 만큼 적다.

이러한 이유로 메인 난방으로 한다면 필자는 펠릿난로가 현실적이지 않을까 생각하고 있다.

그림 2 닮은 듯하지만 다르다

	펠릿난로	장작난로

전원	점화나 팬 구동을 위해 필요	불필요
연료보급	본체 상부의 펠릿을 넣으면 자동보급	손으로 장작을 수시 보급
연료제어	펠릿 투입속도와 흡배기량을 조달	공기 취입구 열 때마다 조정
가열방법	온풍에 의한 대류가 메인	본체 표면에 의한 복사가 메인
배기방법	배연팬에 의해 강제 흡배기	더워진 연기에 의한 굴뚝효과뿐
연료코스트	장작보다 꽤 비싸다, 등유와 같은 정도	스스로 장작을 조달. 가공 가능하다면 저렴

장작의 준비는 계획적으로

사용이 편리한 면만 고려하면 펠릿난로의 압승이다. 단지, 장작에 비하면 펠릿 연료는 고가이다. 펠릿을 생산하는 공장이 가까이에 없으면 연료를 구하는 것도 어렵다. 무엇보다 나무를 태우고 있다는 만족감이 적다는 것도 부정할 수 없다. 정감이라는 의미에서는 역시 리얼하게 나무를 태우는 장작난로가 뛰어나다. 그러나 역시 장작난로가 되면 해결해야 하는 허들은 단번에 높아진다. 펠릿과 전기의 은혜를 입지 않고 단독의 힘으로 능숙하게 나무를 태울 필요가 있는 것이다.

최대 허들은 장작을 계획적으로 준비하는 수고. 우선, 장작은 1년 전에 쪼개 둘 것. 나무는 확실하게 건조된 것이 불가결. 습기가 차 있어도 타면 된다고 생각할지도 모른다. 분명히 습기가 있어도 장작은 타지만 모처럼 얻은 열의 대부분이 장작에 포함된 수분을 수증기로 바꾸는 데 사용되어 그대로 굴뚝

사진 2

장작을 건조시키는 장소가 필요

에서 배출되어버린다. 따라서 태워도 태워도 방이 따뜻해지지 않고 효율이 나쁘다. 장작을 쪼개 처마 밑에 쌓아 두는 것은 공기에 자주 접촉시켜 바싹 건조시키기 위함이다(사진 2).

그러면 사전에 쪼개 두어야 하는 장작의 양을 생각해보자. 장작 1kg당 열량은 20MJ 정도. 같은 1kg의 등유 열량은 40MJ 이상이므로 장작은 등유의 절반 정도의 열량밖에 없다. 즉, 등유 1캔(18리터=14.4.kg)분의 열량을 얻기 위해서는 약 30kg의 장작이 필요하게 된다.

다음으로 1일 난방에 어느 정도의 장작이 필요하게 될까? 난방에 필요한 열량은 집의 단열성도 관련이 있지만 겨울이면 200MJ 정도가 하나의 기준. 앞에 서술한 대로 장작 1kg의 열량이 20MJ 약간이므로 하루에 10kg 이상의 장작이 필요하다는 계산이 된다. 겨울이 몇 개월이나 계속되는 것을 고려하면 10킬로×100일=1000킬로라는 것으로 1톤의 저장된 장작이 필요하다는 결과가 된다. 그만큼 장작을 전년도에 쪼개 두어 제대로 건조되는 장소에 계속 보관한다는 것이 가능한 집은 매우 한정되어 있다.

애당초 장작을 패는 작업 자체가 상당한 중노동. 필자도 체험한 적이 있지만 도끼를 내려치면 정확히 장작이 두 쪽 나는 만만한 것이 절대 아니다. 절묘한 도끼 컨트롤이 요구된다. 해본 적 없는 사람은 사전에 반드시 체험할 것을 추천한다.

작심삼일이 되면 장작을 사오는 것도 하나의 案. 단지, 장작은 사게 되면 꽤 비싸다. 스스로 장작을 패어야 비용효과가 좋다는 것을 잊지 말자.

장작난로는 설치위치가 생명

앞에 설명한 것처럼 장작난로의 방열은 주로 복사이다. 복사라고 하면 집 안 구석구석까지 도달한다는 신비의 힘을 기대하기 쉽지만 큰 착각이다. 장작난로는 공간 전체에 비하면 작은 물체이므로 적외선을 사방팔방에 복사하는 점이라 해도 무방하다. 이 점으로부터 복사는 구(球)를 그리듯이 확산되기 때문에 거리가 멀어질수록 급속하게 에너지가 저하되어버린다. 이것을 전문적으로는 거리의 2승에 반비례하여 감소한다라고 표현한다. 즉, 거리가 2배가 되면 4분의 1, 거리가 3배라면 9분의 1로 금세 약화되어버리는 것이다.

이렇게 장작난로의 복사로 따뜻해지는 범위는 결코 넓지 않기 때문에 사람이 어디에 앉을까를 잘 생각하여 복사가 충분히 도달하는 위치에 장작난로를 설치하는 것이 굉장히 중요하다. 그렇지만 방화나 장작의 보관, 재의 처리를 우선하여 사람이 있는 범위에서 떨어진 도마(토방)와 같은 공간에 설치하는 경우가 많기 때문에 주의가 필요하다.

또한 복사는 주변의 장애물에 의해 간단히 차폐되어버린다. 장작난로 앞에 큰 붙박이 테이블을 설치하거나 하여 복사열을 차단하는 일이 없도록 주의해야 한다.

이들의 주의사항을 정리하면 장작난로를 두는 장소는 사람에게 보다 가까이, 방의 정 중앙 부근이 이상적이다. 방의 가장 좋은 장소에 떡하니 버티고 앉게 되지만 여하튼 장작난로는 포지션, 설치위치가 생명. 펠릿난로와 같이 팬에서 온풍을 뿜어내는 것이 불가능한 핸디캡을 포지셔닝, 즉 설치위치로 커버할 필요가 있는 것이다. 장작난로를 도입한다면 거실 전체를 그것에 맞출 정도의 각오는 해야 한다.

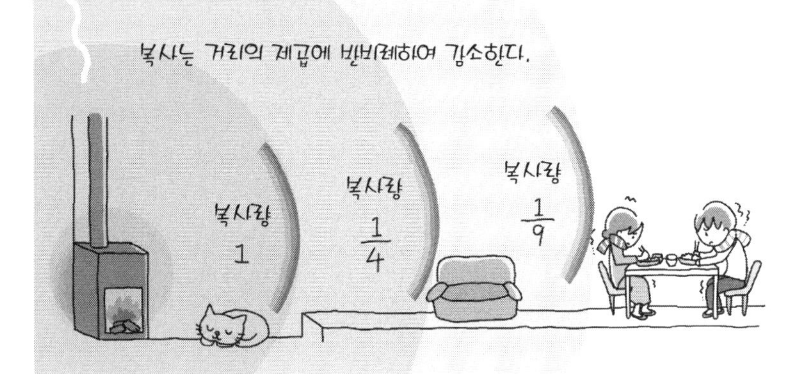

큰 공간 내에서 장작난로는 점에 지나지 않는다.

굴뚝을 하찮게 생각하지 마라

굴뚝은 아무렇게나 다루어지는 일이 많지만 장작난로에서는 본체에 뒤지지 않게 중요한 아이템이다(사진 2). 나무에 한정하지 않더라도 물체가 타기 위해서는 연소에 필요한 공기가 제대로 공급되고 또한 연기가 원활하게 배기 될 필요가 있다. 펠릿난로의 경우는 전동팬의 힘으로 급기, 배기를 강제적으로 시행할 수 있다. 한편 장작난로의 급기, 배기의 동력은 가열되어 가벼워진 연기가 자연스럽게 상승하는 굴뚝효과, 연돌효과밖에 없다. 이 굴뚝효과를 제대로 작동시키기 위해서는 굴뚝을 정성스레 설계하는 것이 필수적이다.

그림 3 장작난로는 굴뚝도 중요

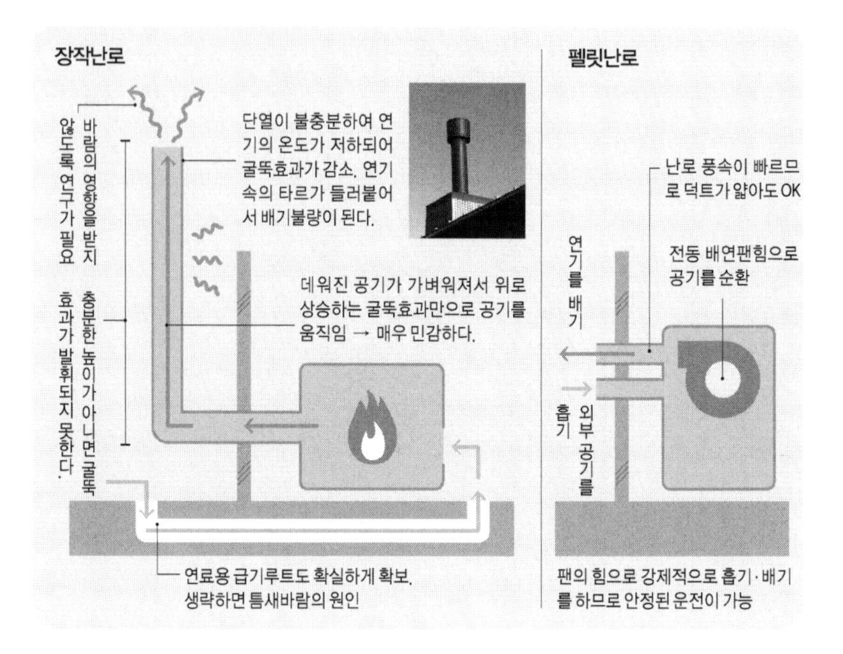

그렇지만 일본 굴뚝의 대다수는 얇은 금속판 1매로 만들어져 있기 때문에 굉장히 빈약하다. 연기가 되어 도망가는 열이 아깝다는 듯 굴뚝의 표면으로부터 열을 빨아들일 궁리를 하고 있는 경우조차 있다. 그러나 연기는 열을 취하여 온도가 너무 내려가면 무거워지므로 굴뚝에서 잘 나가지 않는다. 중요한 굴뚝효과가 기능부전(機能不全)이 되어서는 필요한 공기가 급기되지 못하고 불완전 연소와도 연결되기 쉽다. 굉장히 위험한 것이다.

게다가 연기의 온도가 낮아지면 포함되어 있는 타르가 기체에서 액체가 되어 굴뚝 속에 부착되기 때문에 연기가 통할 수 있는 공간이 줄어든다. 이러한 문제를 방지하기 위해 해외에서는 장작난로의 굴뚝은 확실하게 단열하는 것이 당연시되어 있다.

또 하나 잊어서는 안 되는 것은 굴뚝효과는 연기의 온도가 높을수록 그리고 굴뚝이 높을수록 강력하다는 것이다. 즉, 굴뚝은 높이를 제대로 확보하는 것이 중요하다. 결단코, 굴뚝을 깔보지 말지어다.

장작난로는 하이테크, 할 거라면 제대로

필자가 생각하기에 한랭지의 교외에서는 바이오매스 보급의 잠재력이 높다. 가까이에 삼림 자원이 풍부하여 장작이나 펠릿의 안정적인 공급을 기대할 수 있다. 평면이 여유가 있기 때문에 난로를 둘 곳이나 장작을 건조시키기 위한 보관 공간도 확보 가능하며, 무엇보다 생활 스케줄에 비교적 여유가 있다.

한랭지에서는 일사 부족이나 적설, 외부기온이 낮기 때문에 태양열이나 히트펌프 같은 라이벌의 효율이 낮게 된다. 에너지 효율 면에서도 장작난로는 상대적으로 유리한 것이다.

이러한 조건이 맞는 집에 장작난로를 채용하는 것은 굉장히 좋은 일이다. 단지, 장작난로는 심플해 보이지만 기기의 선정과 굴뚝을 포함한 시공을 제대로 시행하고 사용하는 데에도 테크닉이 필요한 하이테크이다. 장작난로는 전기의 도움을 빌리지 않고 방열과 흡배기의 프로세스를 복사와 굴뚝효과라는 소박한 물리 현상만으로 처리한다. 따라서 제한된 자연의 힘을 현명하게 활용하는 지혜가 불가결한 것이다. 목가적이고 유유한 정서에 속지 말고 경험 풍부한 전문가의 조언을 받아들이면서 신중하게 대처하는 것이 중요하다.

제5장

태양에너지

오늘날 태양광 발전을 탑재하지 않으면 집도 아니라고 말한다. 분명히 발전 가능한 것은 매력이지만 그것만으로 좋은 것일까? 그러고 보니 태양열 이용이란 소리는 최근에 듣지 못했는데, 역시 안 되는 것일까? 태양으로부터 전기와 열의 2대 에너지의 특징을 생각해보자.

Q.20 쏠라 = 태양광 발전?

에너지의 質에서는 전기이지만 열 이용이라면 태양열 온수기도

에코하우스라고 하면 카탈로그나 홈페이지에 소비에너지나 CO_2 배출량의 시산(試算)이 있는 것이 약속처럼 되어 있지만 이것은 꽤나 복잡하다. 원인의 하나는 열과 전기의 관계가 매우 첨예하다는 것에 있다.

요즈음은 왕성하게 자연에너지 이용이 주장되고 있지만 실질은 태양광 발전이 전부. 예전에는 태양광이라고 하면 교외의 주택 지붕에 실려 있던 태양열 온수기가 기본이었다. 그것이 현 상황의 출하상황에서는 비참할 정도로 차이가 생겨버렸다**(사진 1)**.

대체 태양에너지는 어디에서 사용해야 하는가? 여기에서 열과 전기의 관계를 생각해보자.

그림 1 태양열 급탕과 태양광 발전의 (일본)국내 출하 상황

태양열 급탕은 오일쇼크 때에 보급되었지만 현재는 최고치의 20분의 1 이하로 격감. 다른 쪽의 태양광 발전은 급속하게 보급되고 있어 같은 태양에너지라도 명암이 갈리고 있다.(자료: 태양열은 쏠라시스템 진흥협회 통계의 태양열 온수기와 쏠라시스템의 합계. 태양광 발전은 태양광 발전협회의 국내 출하량)

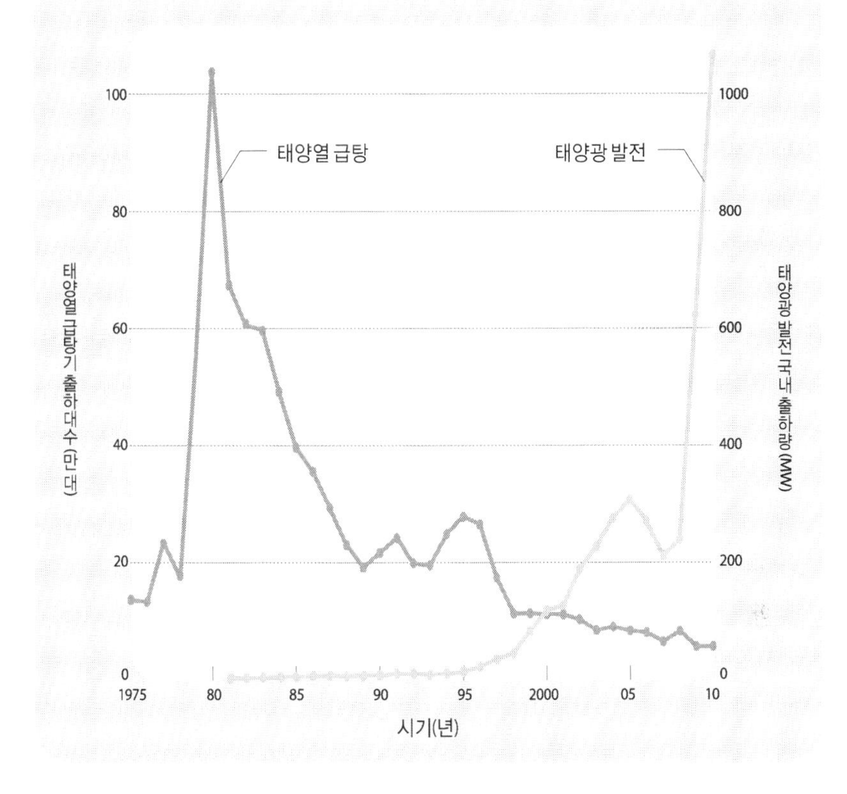

태양광 발전은 왜 위대한가?

대략 에코하우스라 이름 붙인 것에서 태양광 발전을 탑재하고 있지 않은 건물은 거의 없다. 정부와 민간 통틀어 태양광 발전을 강력하게 추진하고 있지만 대체 태양광 발전의 어디가 그렇게 좋은 것일까?

태양광 발전의 메리트는 무엇보다 전기가 생긴다는 것이 제일이다. 무슨 당연한 소리를 하느냐고 생각하겠지만 전기라는 것은 에너지 중에서도 격이 다른 것이다.

자주 태양광 발전은 태양에너지의 10%밖에 전기가 되지 않아 효율이 나쁘다는 논평이 있으나 이것은 별로 의미가 없다. 분명히 태양열 온수기에서는 태양에너지의 40% 이상을 열에너지의 형태로 모으는 것이 가능하다. 그러나 열과 전기와는 전혀 질(質)이 다르다. 뜨거운 물은 훌륭한 열에너지를 가지고 있으나 그 열로 세탁기나 청소기가 움직이는가? TV를 볼 수 있고, 컴퓨터로 일이 가능한가? 그럴 리 없다. 즉, 전기로는 가능하지만 열로는 불가능한 것이 많이 있다.

전기는 사과 주스

그 원인은 전기와 열은 같은 에너지라 해도 질이 다르기 때문이다. 말할 필요도 없이 전기 쪽이 압도적으로 질이 높다. 발전소에서 석탄이나 석유를 태워도 이 열에너지의 일부밖에는 전기로 쓰는 것은 불가능하다. 일반적으로 화력발전소에서 도달되는 전기는 태운 연료의 열에너지의 고작 37%에 지나지 않는다. 즉, 집에 도달한 전기는 그 3배 가까운 연료를 불살라서 생긴, 몹시 귀중한 것이다(그림 2).

예를 들면 전기는 사과 주스와 같은 것. 마시기 쉽고 사과의 단맛이 응축되어 있지만 모르는 곳에서 많은 사과의 액즙을 짜내고 대량의 찌꺼기가 버려지고 있는 것이다.

이 연소된 연료(사과)의 열량을 1차 에너지 환산, 얻게 된 전기(주스)를 2차 에너지 환산이라 부른다. 전기를 다른 에너지와 비교할 때에는 이 1차 에너지 환산이 기본이다.

그림 2 전기의 1차 · 2차 에너지와 태양열, 태양광 발전의 비교

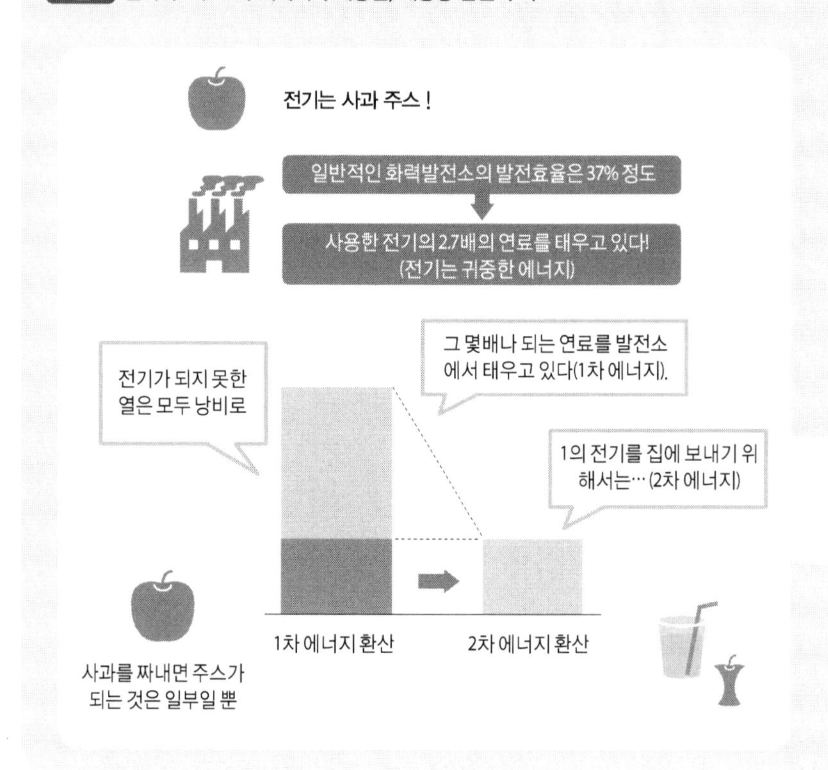

이렇게 해서 만들어진 귀중한 전기는 무엇보다 전기밖에는 할 수 없는 것에 우선적으로 사용해야만 한다는 것은 말할 것도 없다. 전기히터로 단지 열을 만들어버리는 것은 당치도 않다.

태양광 발전의 압승인가?

이렇게 전기의 질이 높은 것을 생각하면 태양광 발전의 발전효율은 겉보기

전기는 질이 높은 에너지이기 때문에 1차 에너지 환산의 변환효율에서는 태양열과 태양광은 실질적으로 동등. 게다가 전기만이 처리하는 용도는 적지 않다.

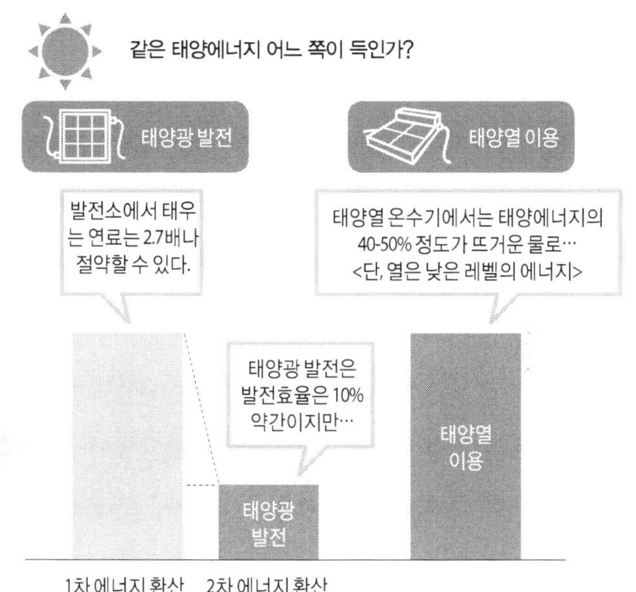

'태양열 쪽이 효율이 높다'라는 비교는 무의미 전력을 1차 에너지 환산하면 큰 차이가 없다.
질이 높고 사용하기 쉬운 전기를 만들 수 있는 메리트는 크다.

상으로는 낮아도 발전소의 효율까지 고려한 1차 에너지 환산의 변환 효율에서는 태양열 온수기와 큰 차이 없다. 그렇게 되면 전기의 편리함만이 눈에 띄게 된다.

그래서 결국, 태양광 발전의 압승인 것인가? 판단을 서두르기 전에 애당초 왜 에너지가 필요한가를 생각해보자.

Q.21 에너지는 만들어지는 것인가?

A 존재하고 있던 에너지를 이용하기 쉬운 형태로 변환하고 있을 뿐

태양광 발전과 태양열 이용의 어느 쪽이 좋은 것일까? 결론을 내리기 전에 우선은 에너지와 CO_2의 관계에 대해 간단히 정리해보자.

에너지를 만들어낸다?

태양광 발전에 관해서는 에너지를 만들어낸다, 에너지 창조라는 단어가 많이 사용된다. 마치 제로에서 생겨나는 듯한 인상을 받지만, 정말일까?

정확하게 말하면 에너지를 창출하는 일 등은 사람의 지혜가 닿을 수 없는 곳. 인간에게 가능한 것은 원래 어딘가에 존재하고 있던 에너지를 이용하기 쉽도록 변환하는 것밖에 없다. 인간에게 유용한 열, 운동, 빛 그리고 전기에너지를 무엇에서 변환하여 가지고 올 것인가가 본질이다.

지구상의 에너지의 거의 모두는 태양이 기원이다(그림 1). 예외는 원자력과 지열 정도이며 다른 모든 에너지는 태양에너지가 형태를 바꾼 것이다. 태양광 발전만이 특별 취급받아야 할 이유는 아무것도 없다. 예로부터 인류는 자연에너지 = 태양에너지에 의존해왔으나 일사량이 적은 겨울에는 부족하게 되기 쉽다. 그래서 녹색 식물이 태양에너지에 의해 대기 중의 탄소를 고정화시킨 장작이나 식물 기름을 이용하여 난방과 조명으로 활용하였다. 할아버지는 산에 나무하러…가는 세계다.

이렇게 추운 겨울에도 약간의 열이나 빛을 얻는 것이 가능하게 되었지만 역시 한계가 있다. 그 때문에 옛날 사람들은 새벽에 기상하여 태양에너지가 있는 주간에 행동하고 저녁과 동시에 취침했던 것이다.

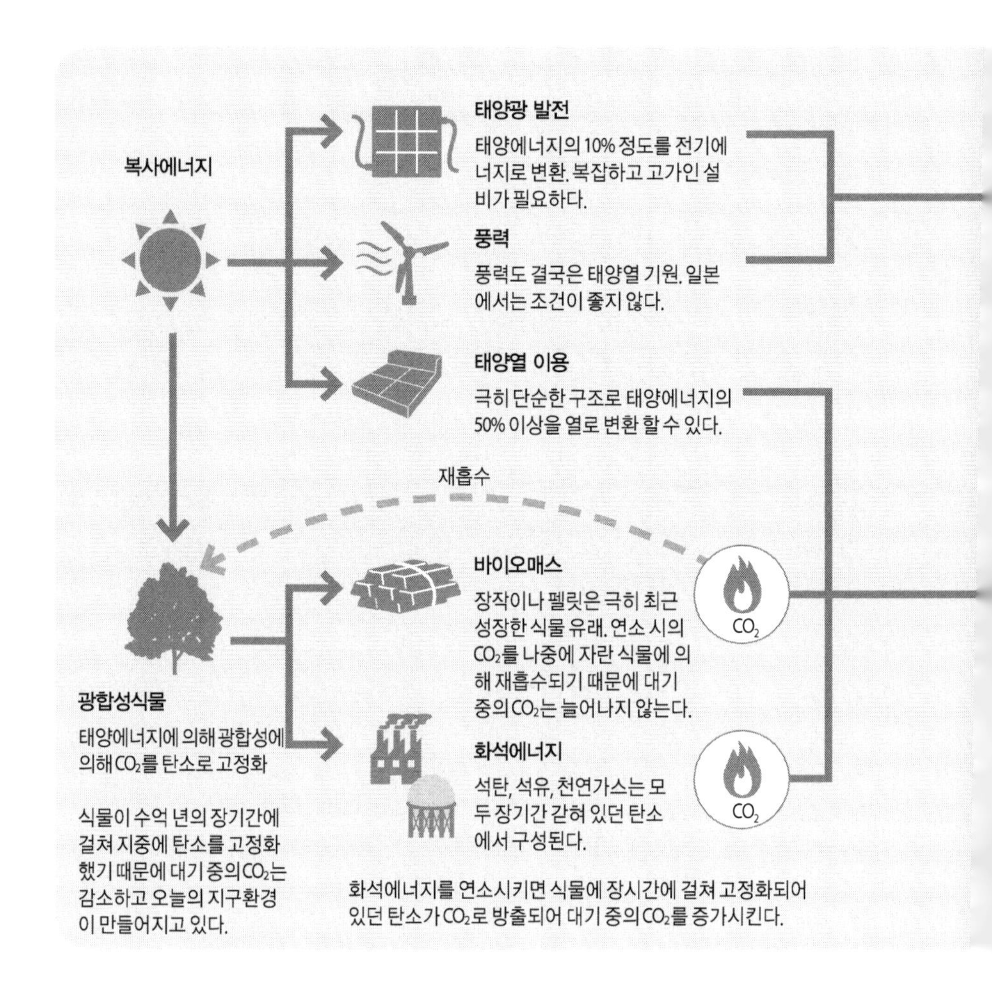

화석에너지 중독의 말로

19세기에 들어서면서 인류는 석유, 석탄, 가스와 같은 화석연료가 고밀도 에너지원으로 사용하기 편리하고, 지하를 파면 계속 나온다는 것을 알게 되었다. 화석에너지로부터 열이나 빛을 마음대로 얻을 수 있게 되었기 때문에 태양에너지의 속박으로부터 멀어져 제멋대로인 생활이 가능하게 되었다. 깜깜

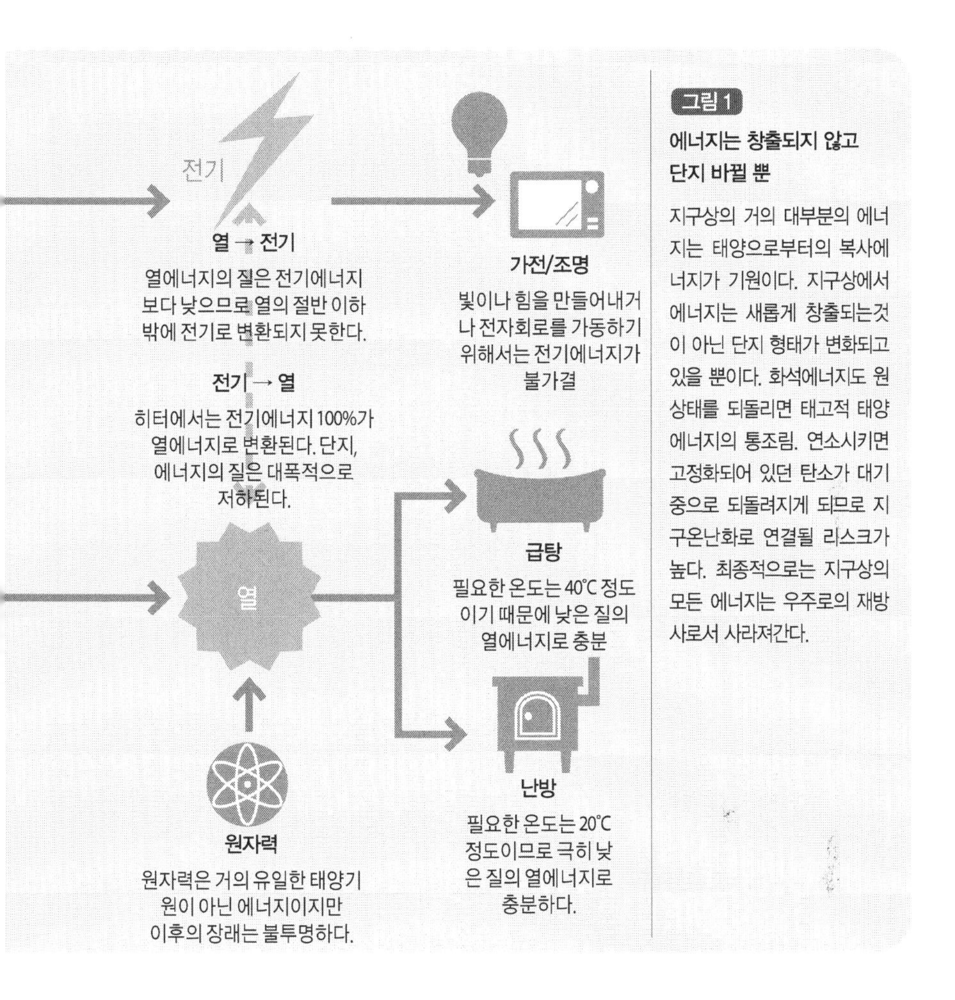

그림 1

에너지는 창출되지 않고 단지 바뀔 뿐

지구상의 거의 대부분의 에너지는 태양으로부터의 복사에너지가 기원이다. 지구상에서 에너지는 새롭게 창출되는것이 아닌 단지 형태가 변화되고 있을 뿐이다. 화석에너지도 원상태를 되돌리면 태고적 태양에너지의 통조림. 연소시키면 고정화되어 있던 탄소가 대기중으로 되돌려지게 되므로 지구온난화로 연결될 리스크가 높다. 최종적으로는 지구상의 모든 에너지는 우주로의 재방사로서 사라져간다.

한 밤중에 환하게 조명을 켜고 밤을 새고, 극단적으로는 추운 겨울에 난방을 틀고 차가운 맥주나 아이스크림을 먹고 마시게까지 된 것이다.

이렇게 인류는 완전히 화석에너지 중독이 되었으며, 이렇게 의지하고 있던 화석에너지가 실은 지구환경을 파괴하는 리스크가 높다는 것을 자각하게 되었다.

그림 2 태양에너지와 전력수요에는 항상 시간차가 발생

태양에너지와 에너지 수요의 시각분포. 1일 중에도 1년 내내도 태양에너지와 에너지 수요는 완전히 역전되어 있다. 결국은 태양에너지의 부족을 채우기 위해 전기를 사용하는 것이므로 지극히 당연하다.

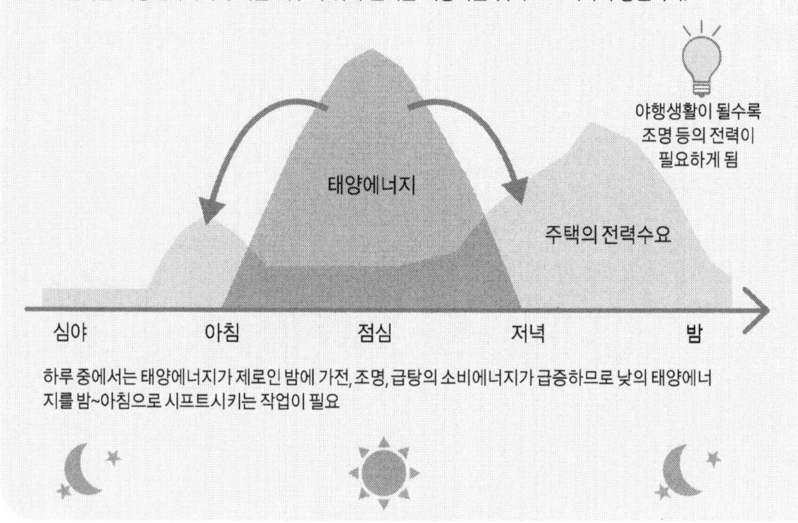

식물은 광합성에 의해 아주 긴 시간을 들여 대기 중의 CO_2를 고정화시켜 오늘의 지구환경을 만들어내 주었다. 그 오랜 시간 동안 지하에 숨겨진 탄소가 화석에너지의 정체인데 인류는 그것을 즐겁게 태워서 CO_2를 대기 중에 쏟아내 버린 것이다. 아무 일도 일어나지 않는 게 이상하다. 언제까지고 화석에너지에 의존해서는 안 되는 때가 온 것이다.

태양이 없을 때야말로 에너지는 필요

이렇게 한 번 더 태양에너지에 직접 의존할 필요가 생긴 것이지만 지금까지 듬뿍 화석에너지의 혜택에 빠져 방탕하게 생활해온 중독환자를 자연에너

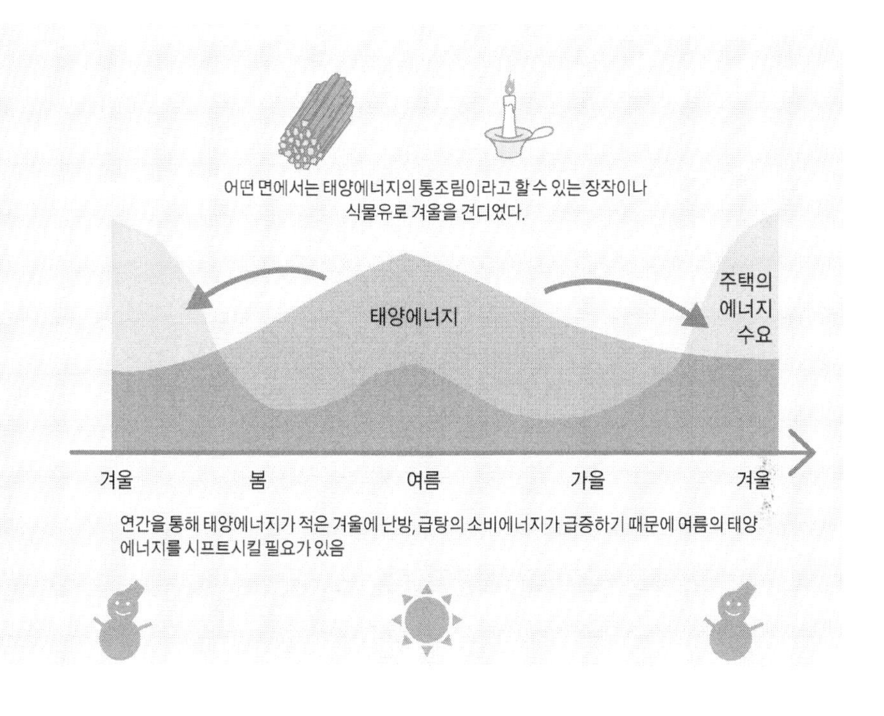

지에 의존하는 금욕적인 생활로 복귀시키는 것은 쉽지 않다. 금단 증상이 발생하는 것은 어쩔 수 없다.

일본의 기상조건을 고려하면 태양에너지의 이용은 풍력보다 유리하다고 여겨지고 있다. 그러나 태양에너지는 하루 중에도 일 년 중에도 굉장히 변화가 크다는 특징을 가지고 있다. 게다가 태양에너지와 에너지 수요의 변동은 완전 반대이다(그림 2).

이것은 밤이나 겨울에 밝게, 따뜻하게 생활하려고 태양을 보충하기 위해 에너지를 사용하고 있기 때문에 생각해보면 당연한 것이다. 이것을 고르게 하는 타임 시프트가 필요하게 되는데 그것에 대해서는 Q.22에서 생각해보자.

Q.22 지붕에 설치한다면 태양광 발전?

A 조건이 좋은 경우에는 확실하게 설치
악조건이라면 포기하고 다른 자연에너지를….

Q.20과 Q.21에서 주택의 태양광 발전에 대해 설명하였다. 이제부터는 지붕에 태양광 발전 패널을 설치할 만한가에 대해 결론을 내리도록 하자. 그 대답은 조건이 좋은 장소는 제대로 설치할 것이나 악조건이라면 얼른 포기하고 다른 것을 생각해야 한다. 다음에서 그 이유를 생각해보자.

계통연대는 parasitism(기생), 화력발전이 불가결

인류는 화석에너지 중독에서 탈피하여 태양에너지로 돌아갈 필요에 직면하였다. 그러나 인류가 지금과 같이 야행성 생활을 계속한다면 낮의 태양에너지를 밤을 위해 쌓아둘 필요가 있다.

요즘 화제인 축전지는 자택에 금고를 만들어 장롱예금하는 것과 같다. 주간에 태양광의 전기를 모아서 밤의 수요를 조달하는 것으로 자연에너지에 의한 완전자립이 가능하다. 단지, 축전지는 고도의 기술과 메탈레이어를 다량으로 필요하기 때문에 몹시 고가이다(그 상세 사항은 Q.23에서).

현 상황에서 보급되고 있는 것은 계통전력에 연계 형성된 전기를 자택에서는 모으지 않고 외부로 전기를 파는 마켓형이다. 소위 말해, 낮에는 번 돈을 부지런히 주식시장에 쏟아부어 주식을 사고 밤에 주식을 팔아 생활비로 돌리는 것과 같다(**그림 1**). 잘만 되면 '밤에 필요한 돈'<'낮에 사둔 주식'이 되어 공제 거스름돈이 따라 온다. 자택에 현금(전기)을 두지 않아도 되므로 금고(축전기)가 필요 없다. 전기는 모으는 것은 어렵지만, 보내는 것은 간단하므로 이치에 부합되는 자립방법이다.

단지 이 방법은 밤에 누군가가 전기를 공급해주지 않으면 성립되지 않는

그림 1

자연에너지에 의한 완전자립으로의 허들은 높다

주택 지붕의 태양광을 통해 발전된 전기를 자택의 축전지에 축적하여 야간에 사용하는 장롱예금형과 계통전력과 연계하여 야간에는 계통전력으로부터 전기를 구입하는 마켓형을 비교했다. 장롱예금형에서는 큰 축전지가 필요하게 된다. 마켓형에서는 밤에 구입하는 전력을 화력발전에 의존할 수 밖에 없다. 주택 지붕에서 발전한 전기는 메가쏠라 등 낮은 코스트의 전기와도 경쟁해야 한다.

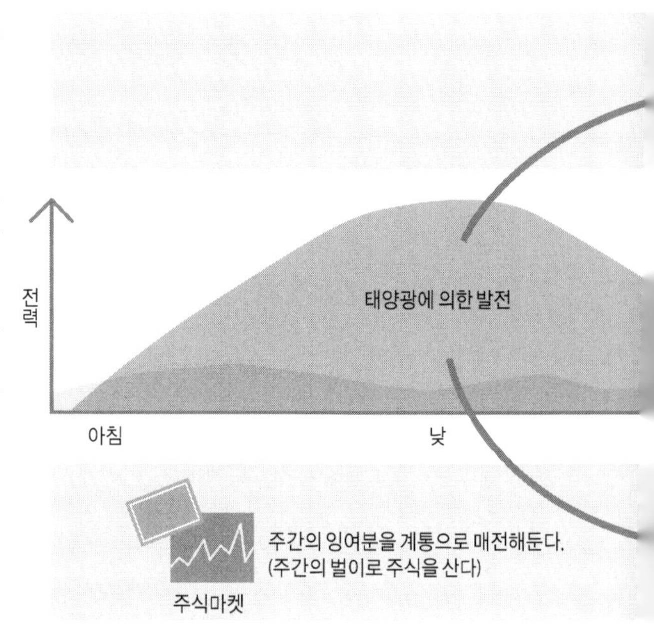

다. 즉, 화력 발전소 등이 불가결해서 화석에너지에 대한 의존을 끊을 수 없다. 결국은 parasitism(기생)인 것이다.

라이벌은 논, 마켓에서는 지나치게 가혹한 경쟁이

더 중요한 것은 마켓에서는 지나치게 가혹한 경쟁이 기다리고 있다는 것이다. 태양광으로 만든 전기를 한 번 계통전력에 접속해버리면 그 외에 연결되어 있는 발전 수단은 모두 경쟁 상대가 된다. 전기는 운송 손실이 적으므로 자택에서 발전하는 것과 아득히 먼 저편의 발전소에서 발전하는 것이 거의 같

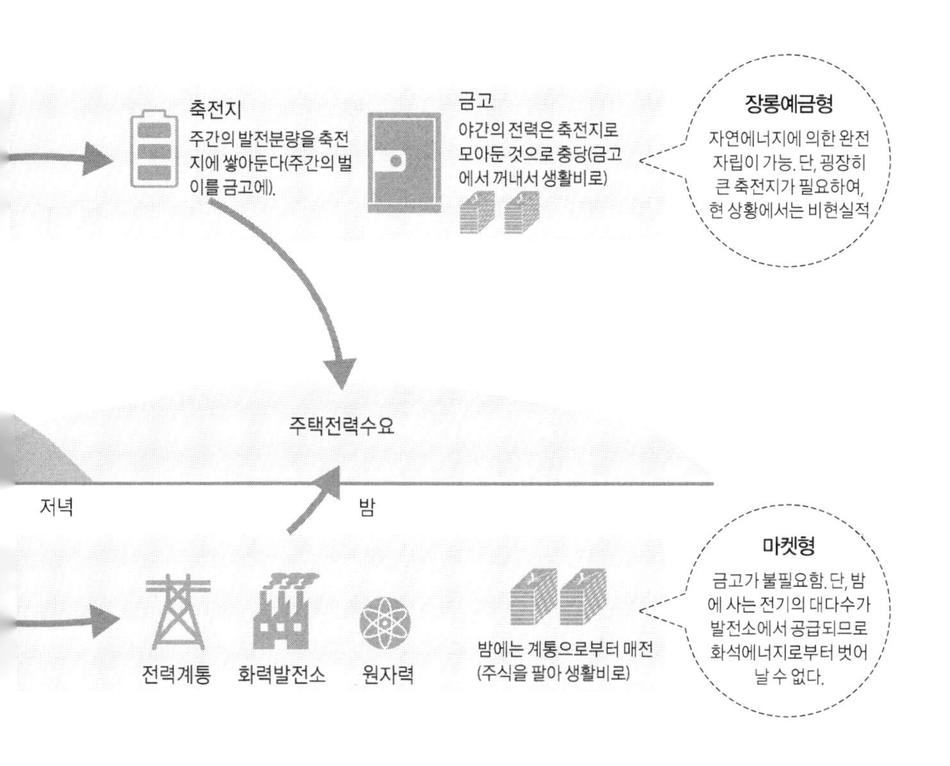

다. 한 번 연결된 전기에 구별이 없는 것이다.

태양광 전기는 특별하다고 할지도 모른다. 그러나 태양광 전기라 해도 가지각색이다. 공장의 넓고 넓은 옥상이나 광대한 공터의 메가 쏠라라 불리는 대규모의 태양광 발전 시설이 차례로 등장하고 있다. 해외에서는 사막에 빈틈없이 깔리는 케이스도 많으며, 강한 햇볕이 있고 비가 적으니 몹시 이치에 들어맞는다.

즉, 태양광 발전은 방방곡곡 어디에나 설치해도 좋다. 그리고 태양광 패널은 제조 시에 대량의 에너지와 희소 물질을 소비하므로 굉장히 고가이다. 따라서 애써 만든 패널은 최대한 일을 하게 만들기 위해 가능한 한 좋은 조건의 장소에 설치하는 것이 유리하다.

이렇게 마켓형은 결국 계통전력에 의존해버리기 때문에 집에서 전기를 사용한다고 해서 집에서 발전할 필요는 없다. 지금까지 주택의 지붕에 태양광 발전이 탑재되어 온 것은 정책적으로 태양광에 대한 특별대우의 결과에 지나지 않는다. 저명한 기업가가 제창하고 있는 휴경지에서 태양광 발전이라는 비즈니스 플랜은 실로 이 이점을 잘 활용한 것이다.

굳이 주택에 설치한다면 논에 꽉 차게 설치하는 것에 지지 않을 정도로 효율 좋게 발전할 수 있어야 한다. 태양광은 설치 방위각에 따라 발전 효율이 크게 바뀐다(그림 2). 주변 건물이나 수목, 전선 등 약간의 그림자에 따라서도 출력이 크게 저하된다(그림 3). 그 때문에 정말로 태양광 발전에 적합한 주택의 지붕은 그리 많지 않다.

따라서 대지 조건을 간파하여 좋은 조건이라면 제대로 설치하여 제대로 발전. 어중간함은 금물. 라이벌은 논이기 때문에….

그림 2

방위별로 발전량이 크게 다르다

태양광 발전패널의 방위별 발전량 (자립순환주택설계가이드라인에서 인용)

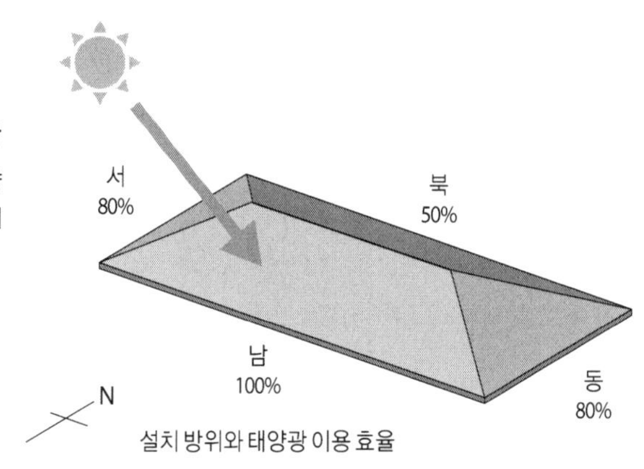

태양열에 필연이 있다

그래서 태양광 발전이 무리일 것 같으면 얼른 다른 자연에너지 이용을 생각해야 한다. 예를 들면 열은 전기와는 전혀 반대의 특성을 가지고 있어 보내는 것이 어렵다. 열은 보낼 때의 손실이 커서 태양에너지를 한 번 열로 변환하면 그 열은 집 안에서 다 사용할 수밖에 없다. 즉, 태양열 시스템은 논에 두어서는 어쩔 수가 없다. 집에 둘 수밖에 없는 필연이 있는 것이다.

그리고 열은 모아 두는 것이 간단하다는 큰 장점이 있다. 주간의 태양열을 밤의 급탕, 난방으로 돌리는 것은 탱크의 물이나 기초 콘크리트를 사용하면 지극히 간단하다. 지붕의 집열 패널이라도 태양광 발전과는 비교할 수 없을 만큼 심플하고 저렴한 가격이라서 설치가 그다지 부담되지 않는다. 분명 태양열로 조명이나 컴퓨터를 움직이게 하는 것은 무리지만 급탕, 난방을 조달하면 필요한 전력은 상당히 적어져서 완전자립에 크게 근접할 수 있다. 손쉽고 채산이 맞는 이야기가 아닌가!

하나의 기술만 보고 있으면 본질을 놓친다. 환경 기술에 관해서도 비판적인 비교 검증을 추천하고 싶다.

그림 3

태양광 발전은 그늘에 약하다

결정실리콘계 태양전지 모듈에서는 모듈 속에 발전하지 않은 셀이 있으면 모듈 전체의 출력이 단절된다.

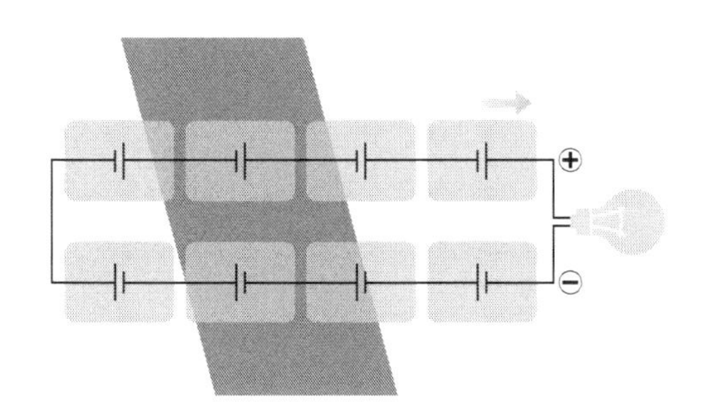

Q.23 평상시에도 축전은 미덕?

A 평상시에는 전기 출입의 손실이 발생할 뿐.
비상시에도 가정이라면 발전기 쪽이 손쉽다.

태양광 발전이 급속하게 보급되는 가운데 새로운 전지(電池)의 형제가 등장했다. 그 이름은 축전지(蓄電池). 지난 동일본 지진 재해 직후에 발생한 대규모 계획 정전은 일본 관동(關東)지방에 거주하고 있는 사람들에게 큰 충격을 주었다. 일대가 아주 캄캄한 거리, 빛나지 않는 신호등, 움직이지 않는 전철…. 안정되게 공급되는 전력을 당연하게 향유하고 있던 우리들은 돌연 칠흑 같은 어둠의 궁지에 빠진 것이다. 그 트라우마일까? 전기의 고마움이 뼈에 사무친 것일까! 중요한 전기를 부지런히 쌓고 모으는 축전지가 돌연 각광을 받게 되었다.

원래, 저축을 미덕으로 생각하는 일본인. 축전이라는 단어에 왠지 마음이 동요된 사람도 적지 않을 것이다. 태양광 발전과 조합하면 비상용 전원으로서 활용하는 것뿐 아니라 여러모로 환경친화적이 된다고 한다. 과연 진짜일까?

완전자립에는 거대한 축전지가 필요

Q.22에서 논의했듯이 태양광 발전(PV)의 남은 전기의 사용법은 두 가지이다. 하나는 계통전력으로 아낌없이 팔아치우는 마켓형 또 하나는 이 축전지에 의한 장롱예금형이다. 장롱예금형의 이점은 우선 정전 시에 전력이 안정적으로 얻어지는 것이다. PV만으로는 밤에는 전혀 발전 불가능한 것은 물론 주간에도 해가 지면 바로 파워가 다운되어버린다. 따라서 PV의 파워 컨디셔너(파워콘)에 붙어 있는 콘센트(**사진 1**)는 어디까지나 비상용. 제대로 가전을 가동시키는 것은 기대하지 않는 편이 무난하다.

축전지를 설치하면 이러한 변동을 흡수해주므로 꽤나 상황은 개선된다(단지 축전지의 순간 출력에도 상한이 있음).

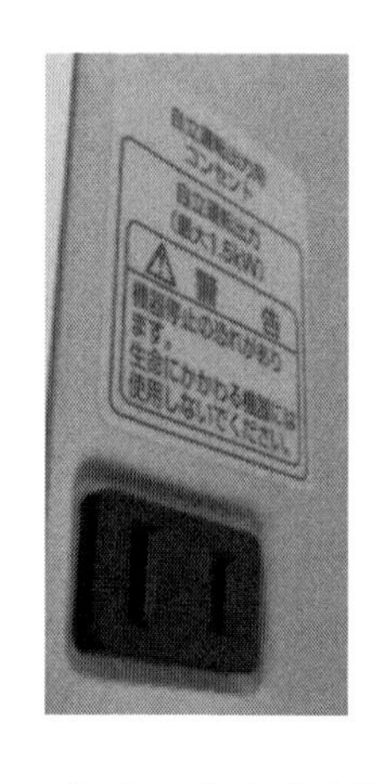

사진 1

PV의 비상용 콘센트는 출력이 불안정

태양광 발전(PV)의 파워 컨디셔너에 붙어 있는 비상용 콘센트. PV 단독이면 출력이 몹시 불안정하므로 그다지 도움이 되지 않는다.

또 한 가지 메리트는 전력의 완전자립 가능성이 확산된다는 것이다. 거대한 PV로 대량 발전하여 거대한 축전지에 한계치를 모으면 외부로부터의 전기에 전혀 의존하지 않는 것도 불가능하지는 않다. 단지, 반복하자면 인간이 에너지를 사용하는 것은 태양에너지가 부족하기 때문이다. 전력의 대부분은 태양이 없는 저녁~밤에 조명이나 가전, 난방의 형태로 소비되고 있다. 따라서 모든 수요를 조달하려고 하면 밤에 맞추어 이월해야만 하는 전력량은 방대해진다. 즉, 상당히 거대한 축전지가 필요하게 된다.

완전자립에 코스트의 메리트는 없다

막대한 초기 코스트가 드는 완전자립, 그것에 걸맞은 운영상의 메리트는 있을까? 안타깝게도 이것은 전혀 없다. 잘 알려져 있듯이 주간은 PV의 잉여전력을 계통전력(=전력회사)에 상대적으로 비싸게 매매하는 것이 가능하다. 그렇게 주간에 팔 수 있는 전기를 굳이 모아서 스스로 사용하면 어떻게 될까? 결국은 밤중에 계통전력에서 구입하는 전기와 같은 가치가 되어버린다. 돈을 들여 거대한 축전지를 설치해서 비싸게 팔 수 있는 전기를 일부러 싸게 만들어버릴 뿐이다**(그림 1)**.

어떻게든 이 거대한 축전지로 이득을 보고 싶다면 방법이 없지는 않다. 그

그림 1 축전지 이용의 득실(得失)

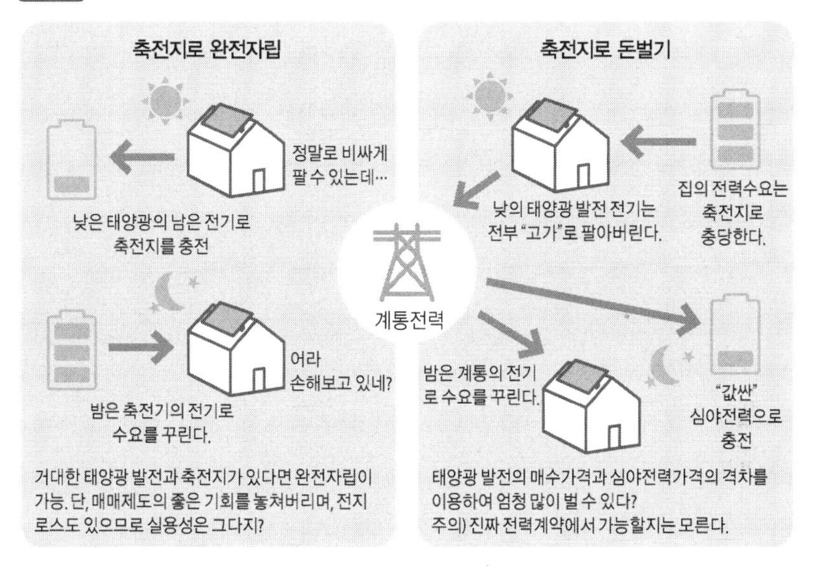

것은 밤에 싼 값의 심야전력을 쌓고 모아서 주간의 소비를 모두 조달하는 것이다. 그렇게 하면 PV의 전력을 모두 비싸게 팔아치워도 되기 때문에 일거양득이다. 그러나 이렇게 되면 누구를 위한 축전지 이용이냐는 생각도 든다.

완전자립이라는 단어에는 그 자체에 매력적인 울림이 있다. 전기도 들어오지 않는 어딘가의 고립된 섬에 호화저택을 세우는 것과 같은 이야기라면 말리지는 않겠다. 뭐 일반 사람에게는 인연이 없는 이야기지만 말이다.

구멍 뚫린 장롱예금

모으는 것은 훌륭하다. 거기에 로스가 없을 경우의 이야기지만. 은행 예금은 맡긴 만큼은 100% 인출할 수 있다. 안타깝게도 전기는 그렇게 되지 않는다.

열과는 다르게 축전지가 전기를 모으고 있는 동안에 생기는 손실은 크지 않다. 문제는 축전지를 사용할 때에는 넣고, 꺼내는 두 프로세스가 발생하는 것이다. 게다가 주택에서 사용하는 전기는 교류, 축전지가 모으는 전기는 직류이기 때문에, 교류 ⇔ 직류를 변경하는 변환이 필요하게 되는 것이다. 안타깝게도 이 변환은 벌점이 없는 것이 아니다. 즉, 전기를 출력할 때에 무시할 수 없는 손실이 여기저기 발생하는 것이다.

애당초 축전지 자체가 스스로를 제어하기 위해 스스로 전기를 먹어버리고 있는 것에도 요주의. 특히 리튬전지는 폭발할 위험이 있기 때문에 고도한 제어가 필요하게 된다. 그러한 제어회로를 움직이게 하기 위해서도 당연히 전기는 필요하다. 아무래도 전기 장롱예금에는 구멍이 뚫려 있는 듯. 유감이다!

전기는 얼른 팔아치워라

왜 지금까지 축전이 유행하지 않았는지를 말하면, 즉 귀찮은 것에 비해 메리트가 작기 때문이다. 이 세상 모든 일에는 그 나름의 이유가 있는 법이다.

이러한 결론이 되어버린 것은 전기의 특성에 의한다. 전기는 만드는 것은 힘들고 모으는 것도 이와 같다. 그렇지만 보내는 것에서 만큼은 (열에 비해) 뛰어나게 우수하다. 멀리까지 송전해도 로스가 굉장히 적은 것이다. 전기는 쩨쩨하게 모으지 말고, 확 보내버리자. 돈에 집착하지 않는 에도(江戸) 토박이 기질이 전기에는 딱이다.

같은 태양 기원이라도 태양열이 되면 이야기는 역전된다. 열은 앞서 서술했듯이 수집하기도 쉽고 모으는 것도 간단하다**(그림 2)**. 뜨거운 물을 탱크에 모아도 좋고 난방용 열을 기초 콘크리트 슬래브에 쌓아도 좋다. 쌓을 거라면 전

그림 2

PV의 전기는 얼른 팔아치우는 것이 최선

축적한다는 점만 봐도 태양광 발전과 태양열 이용은 완전 반대의 성질을 가지고 있다. 기술은 몹시도 비교가 불가결하다는 것을 지금 한 번 더 인식해야 한다.

전기	열
모으기 힘듦	모으기 간단
쌓아두기 힘듦	쌓아두기 간단
보내기 간단	보내기 힘듦
계통으로 팔아버리자! (모으기, 연결하기 궁리)	집에서 쓰자! (다 쓸 궁리)

기보다도 열을 추천한다.

다음 계획 정전에는 철도, 병원은 걱정 없다

그렇게 말해도 역시 정전이 걱정되는 것은 무리가 아닌 부분이다. 전기가 아니면 조달 불가능한 용도는 적지 않다.

계획 정전에 관해 알아두었으면 싶은 것은 지난번의 대정전 후에 전력회사는 이후에 대비하여 계통을 재구축하고 있다는 것이다. 철도나 병원 같은 중요시설에는 계속해서 전력을 공급하도록 개선하고 있다. 따라서 다시 계획 정전이 실시되는 일이 있더라도 3.11 동일본 대지진 직후의 그 사태가 그대로 재현될 리는 없다. 요즘은 전력사업자에게 비판이 극심하지만 이러한 뒤에서의 노력은 순순히 평가받아야 할 것이다.

그래도 일반 가정은 정전될 리스크가 남아 있다. 2000년에 미국은 캘리포니아 주에서 유명한 대정전이 발생했던 적이 있다. 일본에서는 전력 자유화의 논의에서 반드시 제안되는 있어서는 안 되는 대사건이지만, 필자가 현지의 전력회사나 주민에게 물어본 결과, "그거야 별거 아니었다. 노트북도 전지로 가동되니까 문제없었다"고 웃어넘기는 바람에 맥이 빠졌었다.

진정하고 생각해보면 필자의 집에도 작은 정전으로 정말 곤란에 닥친 적은 거의 없다. 정전, 정전 두려워만 하지 말고, 어깨에 힘을 빼고 마음 편히 대비하는 편이 의미 있지 않을까.

비상시에는 카세트 봄베식 발전기로도 OK

다음으로 정전이 다소 오래 가서 어떻게든 전기가 필요하게 되었다고 하자. 그러한 경우도 축전지는 별로 필요 없다. 애당초 필요한 때에 조금 전기를 만드는 것은 전혀 어렵지 않은 것이다. 지역 축제의 노점상을 생각해보자. 좁은 장소에 점포가 늘어서 있고 밝게 조명을 켜거나 이모저모로 많은 전기가 필요할 것이 분명하나 근처에 콘센트가 눈에 띄지 않는다. 그러면 노점상은 전기를 무거운 축전지에 모아 굳이 들고 와 있는 것일까?

답은 간단하다. 조금 관찰하면 소형 발전기가 요란스럽게 왕왕거리고 있는 것을 금세 알게 될 것이다. 이 소리 자체가 지역 축제의 하나의 BGM. 가솔린으로 움직이는 발전기는 몇십만 원으로 간단히 입수 가능하다. 약간의 전기가 필요하다면 그것을 만드는 손쉬운 방법은 여러 가지가 있다. 가솔린을 모아 두는 것은 저항감이 있을 것이고 실제로 꽤 위험을 동반한다. 보통 가정에는 가스 카세트 봄베로 발전 가능한 기종을 추천한다. 봄베를 사두고 휴대용 가스레인지와 병용하면 다시 재해가 습격해도 충분히 버틸 수 있다. 단지 배기가스만큼은 주의해야 한다.

에코와 안심은 별도의 것, 냉정하게 간파를

지난번의 지진 재해 이후 에코와 안심이 어지럽게 뒤섞여 논의가 불필요하게 증가하고 있다. 에코는 평상시의 테마이다. 일단 비상시가 되면 에코 따위는 말도 꺼낼 수 없다. 앞에서 다루었던 카세트 봄베 발전기만 해도 에너지 효율 자체는 몹시 낮다. 그러나 가끔 사용할 뿐인 대비에 효율 운운하는 것은 촌스러운 생각이라는 것이다. 비상시에는 안심이 제일이다.

그와 마찬가지로 비상시의 이야기를 평상시로 끌어오는 것도 적절하지 않다. 축전지를 평상시의 에코에 도움되는 것처럼 논의하는 것은 이야기가 이상해진다. 축전지는 무엇보다도 비상용의 대비이다. 그래서 어차피 전지가 필요하다면 이후의 보급이 예상되는 전기자동차의 전기를 이용하는 V2H(Vehicle to Home) 쪽이 효율적이지 않을까? 냉정한 논의가 바람직하다.

물론, 어떤 상황에서도 절대로 정전이 되고 싶지 않은 부자는 자신의 돈으로 좋을 대로 하면 된다. 단지, 그것을 굳이 에코라 칭하여 국가의 보조금을 붙인다는 것은 전혀 다른 문제라는 것을 명심해야 한다.

제6장

전력과 검침수치

절전이 주목을 받고 있는 가운데 스마트 하우스나 제로 에코라는 다양한 키워드가 난무하고 있다. 그러고 보니 얼마 전까지는 CO_2 삭감이 최대의 목표였다. 이러한 문제의 대다수는 실제로 전력 사정이 그 핵심에 존재한다. 이 어려운 전력의 문제에 관해 지금 조금만 생각해보자.

Q.24 HEMS는 최강의 절전 TOOL?

A 현 시점에서는 도입 비용의 본전을 찾을 수 있을지 의문
가정 내에서 가장 유효한 절약 행동은 급탕 절약

스마트 하우스라는 단어가 주택 업계를 들썩이게 하고 있다. 이 똑똑한 집에 빠질 수 없는 것이 태양광 발전(PV)과 축전지 그리고 HEMS다. HEMS(Home Energy Management System)는 들어도 별 느낌이 오지 않지만 요컨대 에너지의 시각화다. 거실의 에어컨이 전기를 몇 와트 사용하고 있는가를 표시하는 장치라고 하면 이미지가 가능할 것이다. 대개는 거실이나 주방에 소형 TV와 같은 표시기를 설치하고 분전 판으로 계측된 전력을 각각 표시하게 된다.

에어컨이나 조명, TV가 각각 얼마만큼의 전력을 사용하고 있는지 알면 특정해서 낭비가 절감 가능하고 절전과 연결된다. 이렇게 각광을 받고 있는 HEMS, 진상은 어떨까?

HEMS의 진짜 평판은?

기대가 커지고 있는 HEMS이지만 실제로 도입한 사례에서는 소비전력을 확인하는 것이 지속적으로 유지되지 못한다. 계측이나 표시 기능만으로도 전기를 소비, 그리고 무엇보다 본전을 찾을 수 없다는 악평이 따라 다닌다.

첫 번째인 소비전력 확인에 흥미를 잃는 것에 관해서는 네트워크에 접속하여 다른 집과 경쟁하는 것으로 동기부여를 하는 연구가 시도되고 있다.

이어서 두 번째인 계측, 표시에 대량의 전력을 소비한다면 절전을 한다 해도 무슨 의미가 있는 것인지 모르겠다는 것이다. 제조사가 철저한 절전 기종을 개발함과 동시에 표시기를 일부러 설치하지 않고 TV나 스마트폰, 태블릿을 활용하는 것도 유망하다.

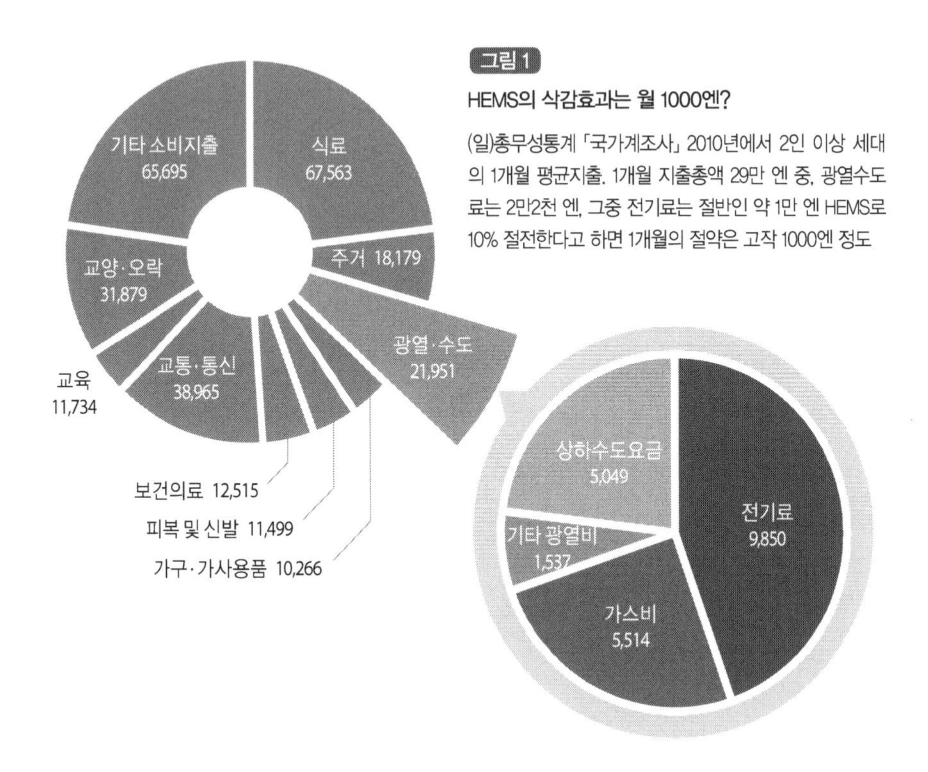

그림 1

HEMS의 삭감효과는 월 1000엔?

(일)총무성통계 「국가계조사」 2010년에서 2인 이상 세대의 1개월 평균지출. 1개월 지출총액 29만 엔 중, 광열수도료는 2만2천 엔, 그중 전기료는 절반인 약 1만 엔 HEMS로 10% 절전한다고 하면 1개월의 절약은 고작 1000엔 정도

HEMS는 경제성이 있는가?

그러면 가장 중요한 3번째 본전을 찾을 수 없다를 생각해보자. 에너지 문제 극복을 위해 절전은 이미 국민의 의무이다. 그러나 냉정히 생각해보면 우리 집에서 그렇게나 많은 전기료를 지불하고 있는가? 2010년 가계조사(**그림 1**)에 따르면 지출총액 약 29만 엔 중, 광열수도료는 약 2만2천 엔이다. 그중 전기료는 절반인 1만 엔 정도다. HEMS로 낭비를 줄여 10% 절전했다고 하더라도 1개월에 받은 혜택은 고작 1000엔. 1년에 고작 1만2천 엔밖에 되지 않는다. HEMS 본체 가격을 생각하지 않더라도, 그렇게 득이 되는 것은 아니라는 것을 충분히 인식해야 한다. 싫증나서 효과가 없어지면 계측과 표시에 전

력이 쓸데없이 들 뿐이므로 역효과로 끝난다. 몇 년 동안 본전을 찾겠다며 이런 저런 계획을 세우기 전에 몇 년이나 지속될 수 있을까를 냉정하게 분석할 것을 추천한다.

물론 HEMS가 단순한 표시기에 그치는 것은 아니다. 수요제어(demand control)를 적극적으로 시행하는 컨트롤러 스마트 미터로의 진화도 기대되고 있다. 밖으로부터의 전력 공급이 미덥지 않아 졌을 때에는 가령 PV나 축전지, 연료전지가 준비되어 있다고 하더라도 안심할 수 없다. 그러한 예비전원은 공급 가능한 능력의 상한이 있어 수요가 그 상한을 조금이라도 초과해버리면 주택 전부가 한 번에 다운된다. 따라서 중요하지 않은 계통의 전력을 차단하여 집 전체가 정전되는 것을 방지하는 장치가 필요하게 된다. 이 역할을 HEMS가 담당할 것으로 기대되고 있다.

HEMS의 미래는 스마트 그리드 등의 새로운 전력 공급과 관계가 깊어 이후의 가능성에 관해서는 좀처럼 판단하기 힘든 면이 있다. 대변신할 가능성이 없다고는 할 수 없다? 일단은 장래에 기대된다고 해두자.

일본의 검침표는 세계 제일!

그러면 시각화는 무의미한 것일까? 그렇지 않다. 무심코 당연하게 생각되는 전기, 가스의 사용량을 분석하는 것은 매우 효과적인 에너지 절약 수법. 항간에 체중을 기록하는 다이어트가 유행하고 있으나 실은 필자도 이것으로 10kg 감량한 성공자. 매일 체중을 기록하는 것은 그날의 식사나 운동과의 관계를 볼 수 있어 굉장한 자극이 된다.

HEMS를 설치하지 않아도 우리들은 훌륭한 시각화를 위한 TOOL을 이미 갖고 있다. 그것은 전기나 가스의 전표(고지서), 즉 검침표**(그림 2)**. 감사하게도 우리들의 가정에는 1개월마다 검침표가 빠짐없이 도착한다. 이러한 축복받은 국가는 세계적으로는 실로 드물고 1년에 한 번뿐이라는 곳이 적지 않다. 해외에서 스마트 미터가 추켜세워지는 것은 실은 이런 사정이 있다. 전기요금의 징수 방해를 막기 위해 스마트 미터는 유효하다.

일본의 전력회사나 대형 가스회사는 더욱 훌륭하게도 인터넷상에서 과거의 이력도 볼 수 있도록 해주고 있다. 같은 용량 계약의 각 가정의 평균치도 볼 수 있어 자신의 집의 사용량이 너무 많은지 어떤지를 간단히 체크할 수 있는 것이다.(국내에서도 http://pccs.kepco.co.kr/를 통해 각 가정에서 사용하는 전기소비량을 알 수 있다.)

이러한 데이터가 손쉽게 입수 가능한 것은 비 오는 날에도 바람 부는 날에도 묵묵히 검침미터를 보며 돌고 있는 검침원분들의 노력 덕분이다. 추가로 전기가 필요하게 될 일도 없고 어쨌든 무료이다. 활용하지 않는 것이 손해라는 것이다.

뭐라고, 1개월이라면 의미가 없다고? 기록 다이어트는 1일마다라고? 걱정은 무용지물. 여러분의 집에는 제대로 매일 측정할 수 있는 체중계가 붙어 있다. 검침원이 체크하고 있는 전기미터나 가스미터를 스스로 직접 보면 된다. 미터는 매일의 소비전력을 묵묵히 쌓아 올려준다. 미터의 수치를 매일 기록하여 오늘의 수치에서 어제의 수치를 빼면 1일 사용한 전기, 가스의 양을 알 수 있다. 처음에는 조금 읽기 어렵지만 익숙해지면 간단. 전력회사, 가스회사가 공짜로 달아준 검침미터. 허둥대며 HEMS를 사러 가기 전에 우선은 감사히 활용해보는 것이 어떠실지.

그림 2 검침표는 무료로 보이는 시각화 TOOL

인터넷에서는 과거의 이력이나 같은 용량계약인 주택의 평균치도 볼 수 있다.

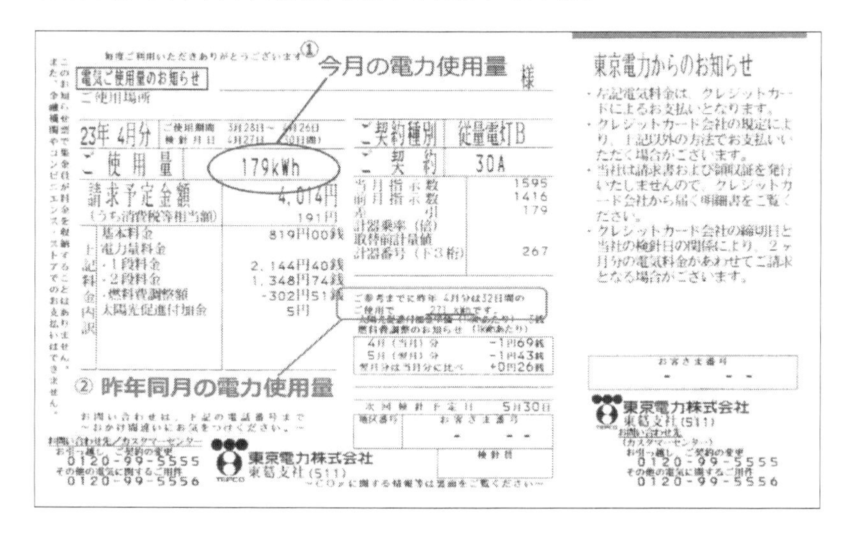
毎度ご利用いただきありがとうございます ① 今月の電力使用量 様

電気ご使用量のお知らせ

ご使用場所

23年 4月分 ご使用期間 3月28日～4月26日 (30日間) 検針月日 4月27日

ご使用量 179kWh

請求予定金額 4,014円

(うち消費税等相当額) 191円

上記料金内訳	
基本料金	819円00銭
電力量料金	
・1段料金	2,144円40銭
・2段料金	1,348円74銭
・燃料費調整額	-302円51銭
太陽光促進付加金	5円

ご契約種別 従量電灯B

ご契約 30A

当月指示数	1595
前月指示数	1416
差引	179
計器乗率(倍)	
取替前計量値	
計器番号(下3桁)	267

ご参考までに昨年 4月分は32日間のご使用で 271 kWhでした。

燃料費調整のお知らせ

4月(当月)分	-1円69銭
5月(翌月)分	-1円43銭
翌月分は当月分に比べ	+0円26銭

② 昨年同月の電力使用量

次回検針予定日 5月30日

お問い合わせは、下記の電話番号まで ～おかけ間違いにお気をつけください。～

お問い合わせ先／カスタマーセンター

お引っ越し、ご契約の変更 0120-99-5555

その他の電気に関するご用件 0120-99-5556

東京電力株式会社 東葛支社(511)

東京電力からのお知らせ

・右記電気料金は、クレジットカードによるお支払いとなります。

・クレジットカード会社の規定により、上記以外の方法でお支払いいただく場合がございます。

・当社は請求書および領収証を発行いたしませんので、クレジットカード会社から届く明細書をご覧ください。

・クレジットカード会社の締切日と当社の検針日の関係により、2ヶ月分の電気料金があわせてご請求となる場合がございます。

お客さま番号

東京電力株式会社 東葛支社(511)

お問い合わせ先(カスタマーセンター)

お引っ越し、ご契約の変更 0120-99-5555

その他の電気に関するご用件 0120-99-5556

시각화야말로 다이어트 성공의 비결!

일단은 매달의 검침표의 체크부터!

코스트 절감은 (급탕) 온수 절약이 제일!

HEMS로 본전을 찾으려고 했던 사람에게는 죄송스러운 결론이 되어버렸으나 그 대신에 비교적 좋은 정보를 하나. 절전에 모두가 혈안이 되어 있는 가운데 잊기 쉬운 것이 급탕 온수 절약. 실은 이 온수야말로 일석이조의 강력 추천 절약 행동이다(그림 3).

뜨거운 물을 사용한다는 것은(일본의 경우) 물을 데우기 위해 가스나 전기를 사용함과 동시에 물 그 자체를 사용하고 버리는 것. 따라서 가스비, 전기료 외에도 상수도, 하수도의 요금이 든다. CO_2나 에너지 절약의 계산을 하면 가스, 전기만 문제가 되지만 코스트 측면에서는 물도 만만치 않다. 상하수도 대금이 가스와 마찬가지로 많이 드는 경우가 적지 않다. 가스와 상하수도 합쳐서 샤워 10분 100엔 정도라고 하면 절약에 대한 동기부여도 상승할 것이다. 최근에는 적은 유량으로도 충분한 샤워 헤드도 많이 등장하고 있으며 교환도 그야말로 3분이면 OK. 정말 비길 데 없는 코스트와 시간의 퍼포먼스다.

게다가 최근의 급탕기는 리모컨으로 급탕 사용량을 표시할 수 있지만 생각해보면 이것 역시 멋진 HEMS. 자택의 리모컨이 운 좋게도 이거라면 꼭 활용해보는 게 어떨까! 더불어 샤워를 사용할 때마다 쨍그랑하고 돈 소리가 나는 기능을 추가하면 큰 압박이 될 것이라 생각하는 것은 필자뿐일까?

에어컨이나 TV, 조명을 아무리 열심히 줄여도 결국 줄어드는 것은 전기료뿐. 가스, 전기와 수도 양쪽 모두를 한 번에 절감할 수 있는 맛있는 것은 급탕만의 특권이라는 것은 강조하고 싶다. 또한, 상하수도의 대금은 지역 차가 굉장히 크다는 것에도 주의해야 한다.

그림 3 급탕절약이야말로 최강의 절약행동

온수절약은 가스비와 수도료가 절약되어 일석이조. 소비량이 많은 목욕과 샤워를 주목하라!

도쿄가스

20㎥~80㎥(B표) 2012년 2월 시
가스 종 13A = 45MJ/㎥

[열량당 CO_2/가격]

- CO_2 2.21kg/㎥ → 50g/MJ
- 비용 137엔/㎥ → 3엔/MJ

도쿄수도국

1개월의(31㎥~50㎥) 계량요금

[체적당 CO_2/가격]

- CO_2 수도 19g/㎥ + 하수 51g/㎥ = 70g/㎥
- 비용 수도 202엔/㎥ + 하수 170엔/㎥ = 372엔/㎥

욕조에 180L (≒0.18m²) 물을 받으면

샤워를 10분 계속 틀어둔 상태로 하면 10분×10ℓ =100ℓ (≒0.10m³)

물의 비열: 4.2kJ/ℓ
급수온도: 연평균15℃
급탕온도: 연간 40℃
가스급탕기의 열효율: 80%
소비전력은 고려하지 않음

욕조

[열량]

180×(40–15)×4.2÷0.8 = 23.6MJ

[CO_2 배출량]

가스(50×23.6 = 1,180g)
+ 수도(70×0.18 = 12.6g) = 1,192g

[코스트]

가스(3×23.6 = 70.8엔)
+ 수도(372×0.18 = 67.0엔) = 138엔

샤워

[열량]

180×(40–15)×4.2÷0.8 = 13.1MJ

[CO_2 배출량]

가스(13.1×50 = 655g)
+ 수도(70×0.10 = 7g) = 662g

[코스트]

가스(3×13.1 = 39.3엔)
+ 수도(372×0.10 = 37.2엔) = 77엔

CO_2는 압도적으로 가스가 많음. 코스트는 가스와 수도가 거의 같다.
급탕 에너지 절감으로 코스트의 절감 효과가 크다.

Q.25 에너지 절약보다 에너지 제로?

A 에너지 절약과 에너지 창출은 장래, 경합할 가능성 있다. 주택의 기본은 에너지 절약

제로에너지하우스(ZEH)라는 키워드를 자주 듣게 되었다. 지금까지는 에너지 절약이라는 단어가 독차지 했었지만 에너지 제로 쪽이 왠지 굉장한 듯하다. 실제로 어떨까?

애당초 친숙한 에너지 절약이란 무엇을 의미하는가? 다이지엔(소학관이 출판한 일본 국어사전)에 따르면 에너지 절약이란 석유, 전력, 가스 등의 에너지를

그림 1 석유 의존은 떨어져도 소비는 증가만

출전: EDMC에너지 경제통계요람 2010, 재단법인 에너지 절약센터

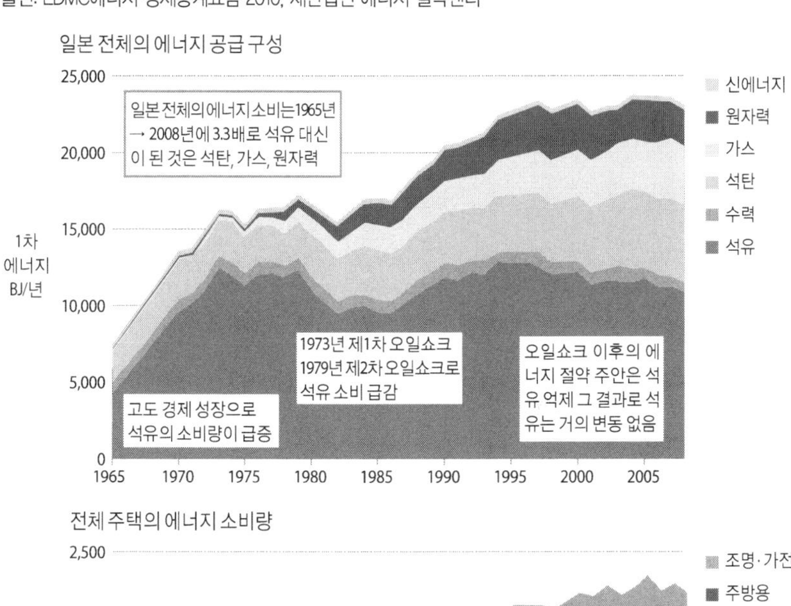

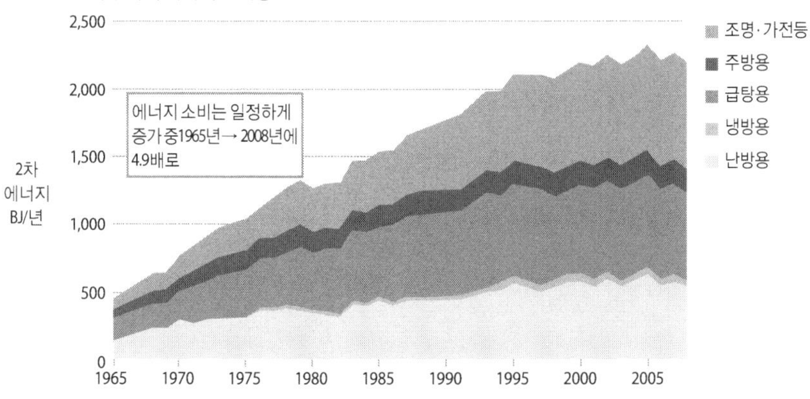

효율적으로 사용하여 그 소비량을 절약하는 것이다.

1979년에 제정된 (日)국내 에너지사용의 합리화에 관한 법률, 소위 말하는 에너지 절약법의 목적은 내외적으로 에너지를 둘러싼 경제적 사회적 환경에 걸맞은 연료 자원의 유효한 이용의 확보를 돕기 위해…라고 되어 있으며, 국가의 안전보장의 성향이 몹시 짙다. 1973년의 오일쇼크를 계기로 석유의존에서 탈피하는 것이 최우선이었던 것을 짐작할 수 있다(그림 1).

에너지 절약은 시대와 함께 변화

이렇게 일본의 에너지 절약은 오일쇼크 때에 에너지의 안전 보장 측면에서 시작되었으나 1990년대 이후에 지구환경 문제의 심각성이 뚜렷해짐에 따라 그 대책의 하나로도 중요하게 되었다.

즉, 에너지 절약은 그 의미가 시대마다 변화하여 왔다. 그 속에서 공통되는 이념이란 같은 효과를 보다 적은 에너지로 얻는 것. 주택으로 말하자면 같은 생활레벨을 보다 적은 에너지로 꾸려가는 것이 된다. 고단열 고기밀화에 의한 건물의 기본성능 확보나 설비기기의 고효율화는 완전히 이에 해당한다. 제5장에서 논했던 태양열 급탕 이용 등도 필요한 에너지를 삭감하는 것에서 에너지 절약에 포함되는 경우가 많다.

에너지 절약은 의미는 변해도 사회의 요구에 대응하면서 긴 시간을 연명해 왔다. 터프하게 장수하는 단어라고 할 수 있다.

에너지 제로의 도착지는?

한편으로 에너지 절약에도 한계가 있다. 에너지의 절감은 가능해도 제로는 불가능한 것이다. 지구환경 문제에 대한 관심이 높아지는 가운데 한층 더 진화된 형태로 에너지 제로가 등장했다. CO_2를 배출하지 않는 재생가능에너지, 소위 말하는 에너지 창출을 도입하는 것으로, 에너지 절약으로도 남아 있는 소비에너지를 창출에너지로 차감해 소비에너지를 제로로 하는 것이다(그림 2).

에너지 제로 주택은 에너지 창출로 에너지를 꾸려가므로 아무리 많이 지어도 지구에 부담을 주지 않는다. 그것은 훌륭한 일로 국가나 지자체는 강력히 추진하고 있다. 에너지 절약은 이제 낡았다. 이제부터는 에너지 창출로 에너지 제로라 말하고 있는 것이다.

재생가능에너지는 몇 가지쯤 종류가 있지만 바로 일본을 염두에 두면 현실적인 초이스는 태양광 발전밖에 없다. 결국, 에너지 제로 = 에너지 창출 = 태양광 발전이 되어 태양광 발전을 설치하고 있다면 다 해결이라는 단순 명쾌(?)한 결론이 된다. 그리하여 국가는 태양광 발전을 2030년까지 2005년의 40배까지 증가시키겠다는 야심적인 계획을 세우고 있다. 단독주택만 하더라도 기축을 포함한 전체의 50%에 도입하려고 하기 때문에 역점을 두고 있다는 것은 알겠다. 그런데 이것은 몹시 리스크가 큰 내기이다.

태양광 발전의 보급을 국가 정책으로 강력하게 추진해온 대선배인 독일은 이미 손을 떼고 있다. 본래의 목적이었던 국내 메이커의 육성이 좌절된 것이 큰 이유다. 부지런히 보조금과 매입제도로 태양광 발전을 보급시켰더니 국내 시장은 싼 가격으로 성능도 나쁘지 않은 중국제 태양광 패널에 자리를 빼앗겨 버린 것이다. 태양광 패널 생산은 전형적인 장치산업. 거대한 투자를 하여 공장을 만든 후에는 어쨌든 줄곧 생산만 해야 하므로 눈 깜짝할 사이에 가격은 폭락해버린다. 유럽이나 미국 메이커가 허둥지둥 도산하는 가운데 일본 메이

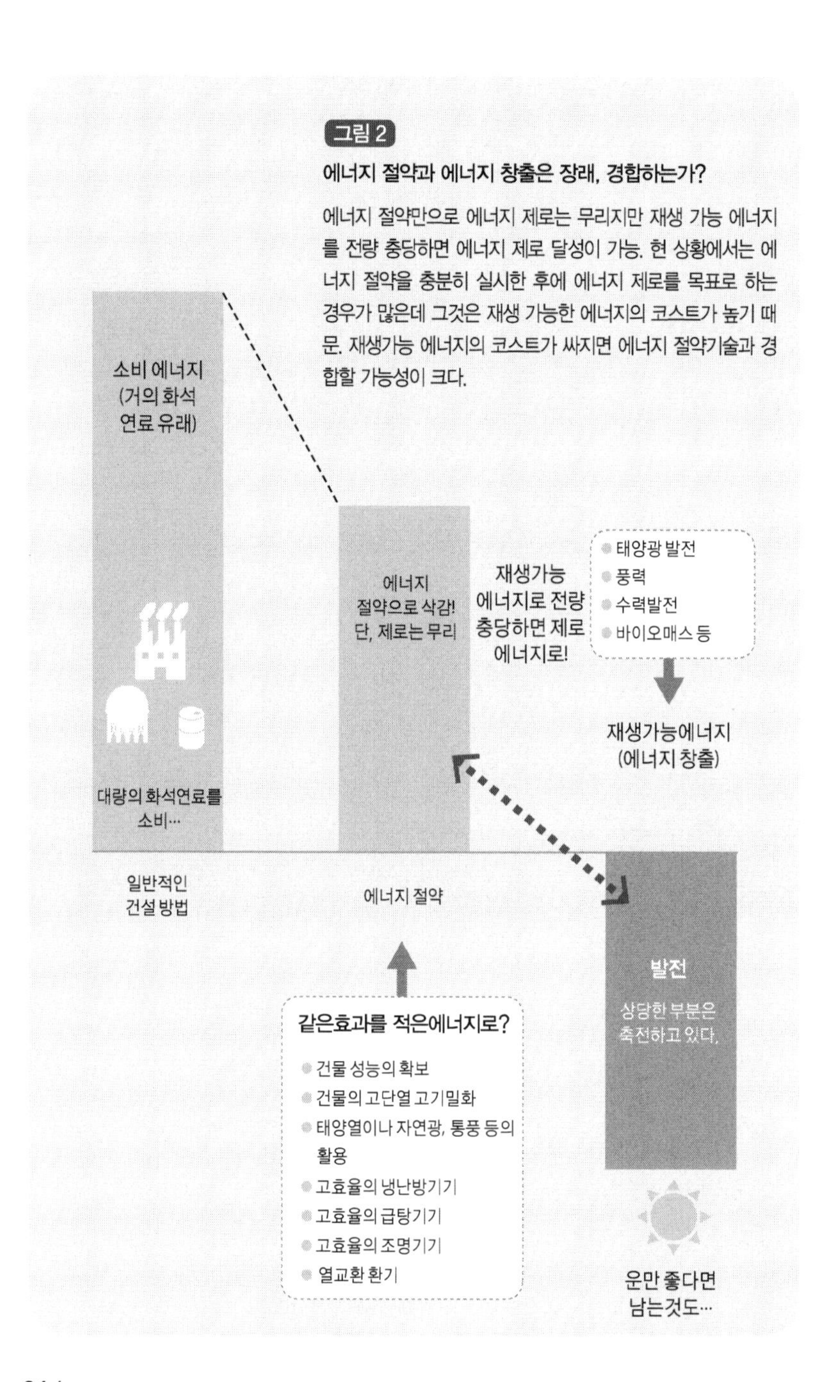
그림 2
에너지 절약과 에너지 창출은 장래, 경합하는가?
에너지 절약만으로 에너지 제로는 무리지만 재생 가능 에너지를 전량 충당하면 에너지 제로 달성이 가능. 현 상황에서는 에너지 절약을 충분히 실시한 후에 에너지 제로를 목표로 하는 경우가 많은데 그것은 재생 가능한 에너지의 코스트가 높기 때문. 재생가능 에너지의 코스트가 싸지면 에너지 절약기술과 경합할 가능성이 크다.
소비 에너지
(거의 화석
연료 유래)
대량의 화석연료를
소비…
일반적인
건설 방법
에너지
절약으로 삭감!
단, 제로는 무리
에너지 절약
재생가능
에너지로 전량
충당하면 제로
에너지로!
태양광 발전
풍력
수력발전
바이오매스 등
재생가능에너지
(에너지 창출)
발전
상당한 부분은
축전하고 있다.
운만 좋다면
남는것도…
같은효과를 적은에너지로?
건물 성능의 확보
건물의 고단열 고기밀화
태양열이나 자연광, 통풍 등의
활용
고효율의 냉난방기기
고효율의 급탕기기
고효율의 조명기기
열교환 환기

커의 갈 방향도 꽤나 막막하다고 말하지 않을 수 없다.

도박에 비유하자면 지금의 일본은 태양광 발전 한 가지에 전 재산을 걸려고 한다고 할 수 있다. 다른 국가가 손해를 입은 위험한 전술에 뒤늦게 빠져들려고 하고 있는 것이다.

집은 그릇, 왕도는 에너지 절약

결국, 에너지 제로 자체를 목적으로 해버리면 집은 태양광 발전을 탑재한 단순한 받침대가 되기 쉽다. 집은 사람이 사는 장소라는 당연한 사실을 잊기 쉽다. 에너지 제로 에너지 창출에 빠지기 전에 집은 사람이 사는 그릇이라는 기본을 재인식해야 한다.

에너지 제로 문제는 결국은 내 집 자금을 어디에 사용할까라는 돈 문제에 귀착된다. 정확히 말해서, 태양광 발전 하나에만 매달리는 에너지 창출인지 건물이나 설비에 밸런스 좋게 돈을 들일 에너지 절약인지. 자금이 윤택하면 두 마리 토끼를 쫓는 것도 나쁘지 않다. 그러나 대다수의 가정에서는 어느 쪽을 포기할 수밖에 없다. 그 양자택일에서 대체 어느 쪽을 선택해야 할 것인가.

지난 대지진 재해에도 고단열 집은 난방 없이도 얼지 않았다. 태양열 온수기로 정전이라도 뜨거운 물을 사용할 수 있어서 다행이었다는 얘길 듣는다. 이렇게 에너지 절약은 단순한 에너지 절약에 그치지 않는다. 집의 기초체력을 올리는 것으로 생활을 지탱할 수 있다. 그리고 이러한 분야야말로 일본 메이커가 자랑하는 상호조정이 생겨난다. 에너지 절약이야말로 일본 전체를 위한 왕도. 절대로 잊어서는 안 된다.

Q.26 지향하자 CO_2 삭감?

누구라도 공유 할 수 있는 목표는 코스트 절약
단지 현 상황에서는 뒤틀림도

그림 1

다른 연료에 비해 전력의 CO_2 환산은 어렵다

연료별 CO_2 배출량. 전력분은 kg-CO_2/kwh 환산에서 3.6MJ/kwh로 변환했다. 전력사업자마다 배출량이 크게 다르다는 것을 알 수 있다. 또한 몇 군데의 전력사업자의 경우는 실배출계수와 비교하여 조정 후 배출계수가 크게 감소하고 있으며 대량의 배출권 크레딧을 구입하고 있다는 것을 알 수 있다. 눈에 보이는 CO_2 배출량은 감소하지만 해외에 자금이 유출되게 된다.
(자료: 환경성 헤이세이 22년 자료에서 작성)

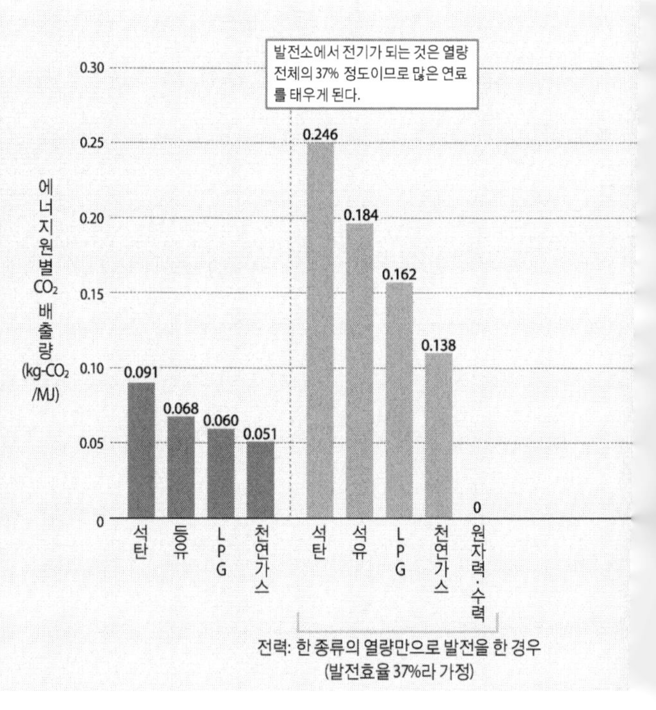

시작부터 양해를 구해두겠지만, 필자는 지구온난화 자체에 의심을 가지고 있는 것은 아니다.

지구온난화는 거짓이라는 지구온난화 회의론이란 서적이 항간에 넘치고 있지만 그러한 회의론의 대부분은 데이터의 일부만을 채택하는 등 잘못된 분석과 오해에 근거한 오진임이 분명해졌다.(IR3S/TIGS총서NO.1지구온난화 회의론 비판 http://www.ir3s.u-tokyo.ac.jp/sosho)

필자는 CO_2를 줄이는 것은 절대로 필요하다 생각하고 있어 회의론에 한 패가 될 생각은 털끝만큼도 없다. 그러나 CO_2 삭감 그 자체를 목적으로 해야 하는 것은 아니라고 생각한다.

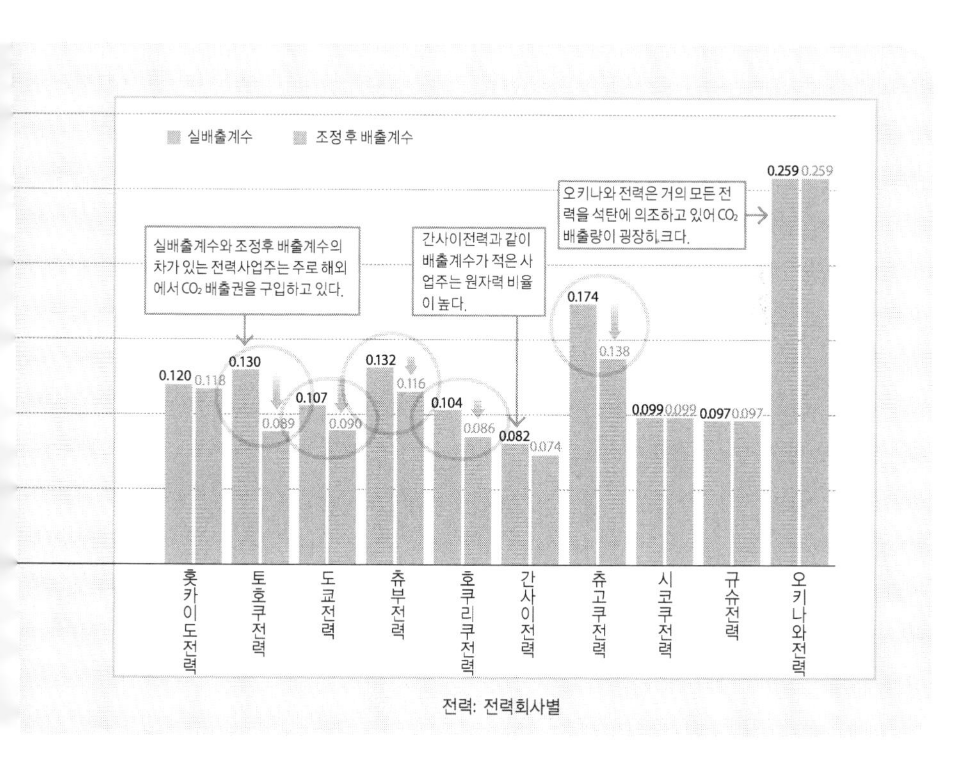

전력: 전력회사별

CO_2는 태운 연료의 종류로 결정된다

CO_2 배출량은 연료의 종류에 따라 크게 다르다(그림 1). 석탄은 탄소 덩어리이므로 CO_2 배출량이 커서 가장 피해야 할 연료. 반대로 천연가스는 수소 분량이 많아서 CO_2 배출량은 적은 우등생.

복잡한 것은 전력. 알고 계신 대로 전력사업자는 모든 화석 연료는 물론이거니와 수력, 지열이나 원자력 등 CO_2 배출이 없다고 여겨지는 에너지원까지 조합하여 능숙히 사용하고 있다. 최종적으로 전기가 되면 원래의 에너지원은 뭐라도 상관없는 것이다. 그래서 이 베스트 믹스방법이 지역의 전력회사에 의해 크게 다르다.

각 전력사업자가 실제로 배출한 CO_2는 그림 1의 우측에 있는 실 배출 계수다. 계수가 가장 작은 간사이전력과 최대인 오키나와전력에서는 같은 전력량당 CO_2 배출량이 실로 3배나 다르다. 간사이전력은 원자력발전 비율이 약 50%로 큰 반면 오키나와전력은 거의 대부분을 석탄에 의존하고 있기 때문이다. 즉, 같은 분량의 전기를 사용하고 있어도 어느 전력회사에서 전기를 구입하는가에 따라 CO_2 배출량은 크게 변하게 된다.

돈의 여부에 따라 배출권도….

더욱 까다로운 것이 조정 후 배출계수 문제. 전력사업자가 실제로 배출한 CO_2 실 배출량에서 구입해온 CO_2 배출권을 차감한 수치를 가리킨다. CO_2 배출권이란 다른 사람의 CO_2 삭감 실적을 구입해오는 것으로 자신의 배출량을 제로로 만드는 것. 돈의 힘으로 보이는 CO_2 배출량을 줄이는 것이다.

실 배출량과 조정 후 배출계수의 차이가 큰 전력사업자는 전력은 CO_2 절약이라는 주장을 지키기 위해 CO_2 배출권의 구입을 위한(제법 되는) 금액을 해외에 지불하고 있다. 그러나 이후에는 배출권의 구입은 몹시 어려워진다. 참으로 돈의 여부다. 이렇게 CO_2 배출량은 지역이나 연도에 따라 크게 변화되어버리는 애매모호한 숫자다.

쇼와 30년, 전기는 10배 비쌌다!

바로 최근까지는 CO_2 삭감이 에너지 정책의 금과옥조였다. 그것이 지진재해 후인 지금에 와서는 모든 CO_2에 관한 것 따위는 망각의 저편이 되어버렸다. 확실히 말해서 대부부의 사람들에게는 CO_2 절감도 에너지 절약도 어차피 덤이다. 에너지가 몇 MJ이라든지 CO_2가 몇 kg이라든지 들어봐야 별 느낌이 없다. 왠지 알겠다 싶은 것은 단 하나 비용 절감이다. 엔 단위라면 누구라도 생생하게 순간적으로 이해할 수 있다.

이처럼 강력한 돈의 힘을 에너지 절약에 살리지 않을 이유는 없다. Q.25에서 다루었듯이 주택의 에너지 삭감 비용은 대폭으로 증가하고 있다. 왜 옛

날에는 에너지를 소중히 했는가 하면 정확히 전기료가 비쌌으니까(그림 2, 그림 3). 1955년(쇼와 30년)에는 공무원의 초기 임금은 8700엔으로 지금의 20분의 1 이하였다. 한편으로 전기료는 1kWh가 약 11엔이었으니까 지금의 2분의 1 이다. 즉, 전기료는 지금의 10배 비싼 감각이 된다.

그 후의 고도 경제 성장으로 급여가 몇 배로 상승하는 한편, 전기료는 싸게 안정이 되었다. 즉, 상대적으로 전기는 점점 저렴해진 것이다. 저렴한 전기 덕분에 TV, 세탁기, 냉장고라는 3종 만능기기로 대표되는 대량 에너지를 사용하는 라이프스타일이 침투했다. 결국, 모든 것은 돈 문제인 것이다.

우선은 가장 이해되는 코스트 절감부터

에너지 소비 조사를 하면 전기, 가스의 검침표를 1년 분량 이상 보존하고 있는 사람이 적지 않다는 것에 놀라게 된다. 에너지의 은혜(쾌적성) ⇔ 코스트(광열비)의 밸런스는 엄격하게 정밀조사 되고 있는 것이다. 이 인적 에너지를 살리지 않을 이유가 없다. 그 코스트 절감의 노력이 어느 사이에 에너지 절약과 CO_2 절감에 연결되어 있다. 이것이야말로 모두의 행복과 연결되는 왕도이다(그림 4). 단지 현 상황에서는 코스트, 에너지, CO_2의 관계는 등호(=)로 묶여져 있지 않지만(Q.27).

여하튼 에너지 절약, CO_2 절감은 절대로 필요하지만 자기희생적인 접근은 결국 오래 지속되지 않는다. 당연하면서 가능한 자연스러운 접근이야말로 지금의 피폐된 일본에 요구되고 있는 것 아닐까!

그림 2 국가공무원(대졸) 초임 임금

1955년	1965년	1975년	1985년	1994년	2004년
8,700원	21,600원	80,500원	121,000원	180,500원	179,200원

그림 3 일반 전기사업자의 전기요금 추이

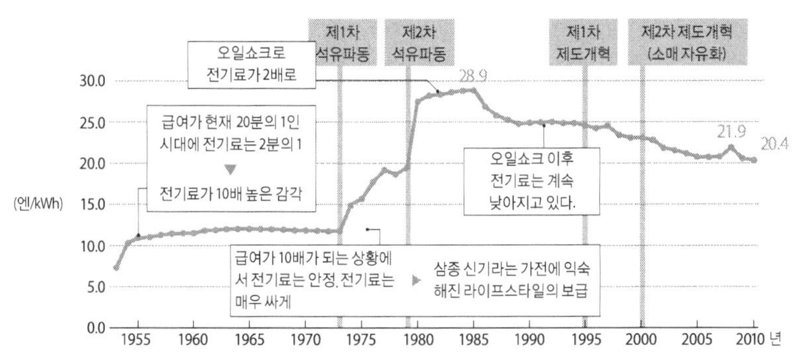

출전 : 경제산업성 종합자원에너지조사회 종합부회 전력시스템 개혁전문위원회 (제2회) 참고자료에서

그림 4 왕도의 3단논법 – 무리하지 말고, 모든 사람들을 위해서

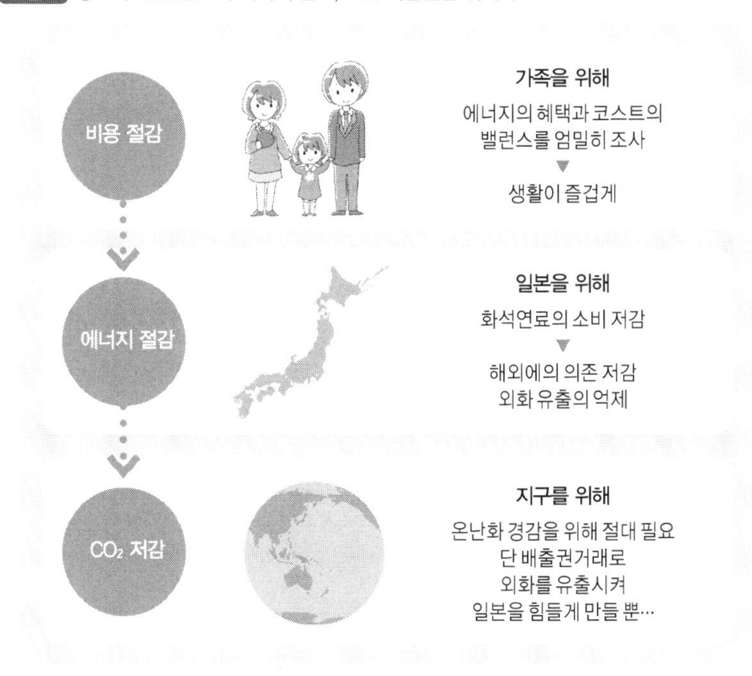

Q.27 ALL 전기화는 ALL 에코?

사용기기나 사용방법에 따라서는 에너지 증가를 유발해버리는 경우도

요즘의 전력 사정에서 한 세대를 풍미할 정도의 기세는 아니었구나 하고 평가되는 ALL 전기화 주택이지만 최근 10년간 에너지 변혁의 주역이었다는 것은 누구도 부정할 수 없다. 청결 안전, 쾌적 편리, 코스트 삭감, 에너지 절약, CO_2 절감, 모두를 해결할 마법 같은 ALL 전기화 주택 실제로는 어떤 것일까?

ALL 전기화를 구성하는 주요 기기는 3종 만능 기기라 불리는 IH 히터, 에코큐트, 에어컨이다. 이 중 후자 2가지는 히트펌프에 의해 공기 열을 모으는 것으로 압도적인 고효율을 달성하고 있다(Q.16 참조). 이것 자체는 틀림없이 진실이지만 실은 어디까지나 조건부. 기기를 적절하게 선택하여 올바르게 사용하는 것이 불가결하다.

히트펌프 급탕기 에코큐트도 사용법 대로

예를 들어, 에코큐트는 언제, 어느 정도의 뜨거운 물을 끓여내는가를 컨트롤 하는 제어모드를 리모컨으로 변경하는 것이 가능하다. 여기에서 심야에만 모드를 선택하면 저렴한 가격인 심야전력 시간대에만 끓이므로 전기료를 싸게 할 수 있을 것이라 생각된다. 그러나 심야에만 모드라면 에코큐트는 주간에 뜨거운 물의 절수를 방지하려고 심야에 탱크에 뜨거운 물을 빵빵하게 채우기 때문에 열 로스가 증가, 극단적으로 효율이 저하되어버린다(그림 1).

에너지 절약 모드를 선택해두면 심야에 어느 정도껏 끓여 내어 주간에 부족하면 따라 잡아서 끓여내므로 효율이 높아진다.

히트펌프는 마법이 아닌 기술. 일본이 세계에 자랑하는 훌륭한 기술임에는 틀림없지만 그 잠재력을 끌어내기 위해서는 올바른 사용법이 불가결. 에코큐

그림 1 모드에 따라 효율이 크게 달라지는 에코큐트

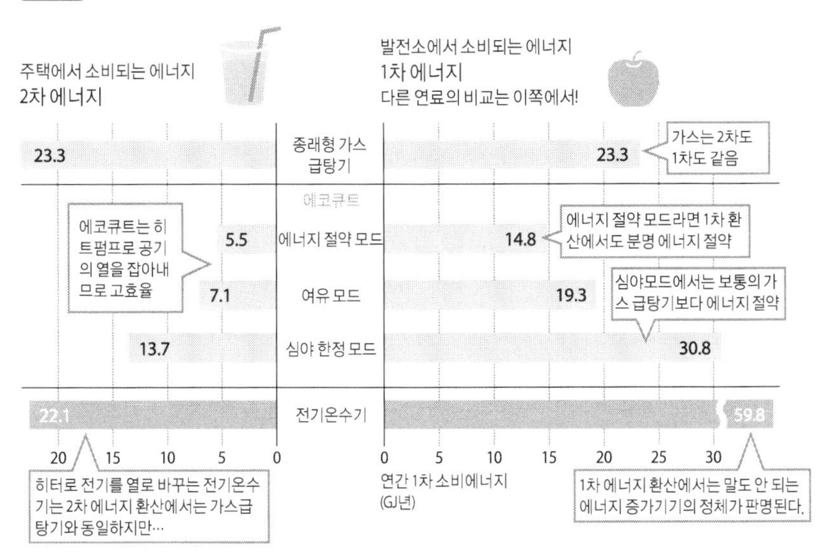

트를 사용하고 있는 사람은 에너지 절약 모드가 되어 있는가를 지금 바로 체크하길 바란다.

싸면 되는 것 아닌가?

ALL 전기화 주택의 만족도는 일반 사람들에게 높은 편이다. 연소기기가 불필요해지므로 안전, 안심, 청결하다. 그리고 무엇보다 큰 매력이 압도적인 런닝 코스트의 저렴함이다. 가스의 기본요금이 불필요해지는 것뿐이 아니다. 특히 에코큐트(히트펌프식 급탕기)는 1개월 전기료가 1500엔 정도로 다른 연료로 급탕하는 것보다도 압도적으로 싸다. 당초에는 높았던 이니셜 코스트도 대폭으로 저하되고 있는 것을 고려하면 정말로 최고다.

전기히터는 청결하기는 하지만 에코이지는 않습니다.

그러면 대체 어디에 문제가 있는 것일까? 첫 번째는 ALL 전기화 주택이라고 하면서 히트펌프를 사용하지 않은 경우가 있다는 것. 히터(전열기)식 전기난방기나 전기온수기가 그 대표적인 예이다(그림 2).

주간에 전기히터로 마음껏 난방하면 전기료가 대폭으로 증가하기 때문에 바로 알게 된다. 전기는 원래 다른 연료보다 비교적 비싸다. 발전소에서 대량의 연료를 태우고 있는 것을 생각하면 비싼 것은 무리가 아니다.

그런데 축열식 난방기나 전기온수기가 전력을 방대하게 낭비해도 심야전력은 특별히 싸기 때문에 런닝코스트는 크게 증가하지 않는다. 따라서 눈치채지 못하는 사이에 대량의 CO_2를 배출하게 된다. 코스트 감각이 마비되어버린 결과, Q.26에서 채택한 코스트 절감 → 에너지 절약 → CO_2 절감의 연쇄적 결과가 작용하지 않게 된다.

두 번째는, 히트펌프를 도입한 경우라도 저효율인 사용법을 도입하기 쉽다는 것. 앞에 서술한 에코큐트의 모드 설정만 해도, 기기동작을 잘 감시하여 설명서를 숙지하고 있는 정통한 사람일수록 심야에만 모드를 선택하고 있다. 주간에 끓이면 비싸지 않을까 → 설명서를 읽으니 심야 한정 모드가 있는 것 같네 → 바로 설정해야지의 멋진 삼단논법. 그 결과, 에너지 절약의 노력이 멋지게 나쁜 결과가 나와, 에너지 증가, CO_2 증가로 연결되어버리는 것이다.

결국, 원자력을 어떻게 할 것인가?

세 번째의 문제점은 말할 것도 없이 전력 공급체제가 향후에 정말로 불투명하다는 것이다. 앞에 서술한 문제점은 결국 거의 모두 심야전력≒원자력 발

그림 2 열원과 기기의 코스트와 CO_2는 이렇게 다르다

열량(1MJ)당 코스트 (CO_2 배출량) ※전력은 2차 에너지 환산		기기 효율	
보통전력	6.0엔 (155g)	에어컨 효율 400% 정도	÷400%
		전기히터 효율 100% 정도	÷100%
심야전력	2.0엔 (155g)	에코큐트 효율 300% 정도	÷300%
		급탕기/팬히터 효율 70% 정도	÷70%
천연가스	3.0엔 (51g)	프로판가스 효율 80% 정도	÷80%
프로판가스	5.0엔 (60g)	급탕기/팬히터 효율 80% 정도	÷80%
등유	2.5엔 (68g)	급탕기/팬히터 효율 80% 정도	÷80%

전에 의해 야기되고 있다. 심야전력 요금 체계≒원자력 정책이 향후 어떻게 될지에 달려 있다.

필자에게는 장래가 어떻게 될까 등은 전혀 예상할 수 없다. 10년 후에 크게 바뀌어 있을지도 모르며 전혀 바뀌지 않았을지도 모른다.

전력의 CO_2 배출량은 지역에 따라 다르므로 지역을 지정하지 않은 경우의 0.555kg CO_2/kWh를 채용했다. 심야전력은 원자력발전의 비율이 높기 때문에 과거에는 CO_2가 좀 더 적었을 가능성이 있지만 이후는 전혀 불투명하다. 가격은 최초의 통계치로부터 대략적인 계산. 심야전력은 압도적인 코스트메리트를 가지고 있지만 CO_2를 삭감할 수 있는 것은 히트펌프와 조합시켰을 때만이라는 것에 주의.

	기기로부터 추출할 수 있는 열량(1MJ)당 가격 (CO_2 배출량)	
→	1.5엔 (39g)	공기열을 모으기 위해 가장 낮은 코스트로 CO_2도 최소 쾌적성만 해결할 수 있다면 최고의 난방
→	6.0엔 (155g)	코스트, CO_2 모두 최악의 난방방식. 극히 한정하여 사용해야 한다.
→	0.7엔 (52g)	압도적으로 낮은 런닝 코스트가 최대의 무기. 에너지 절약 모드로 사용하면 CO_2절감
→	3.0엔 (221g)	코스트야말로 연소식가스, 석유와 같은 수준이지만 CO_2 배출량은 최악
→	3.8엔 (68g)	연소계열에서는 가장 코스트 절약으로 CO_2도 절감 단, 파이프라인이 필요하며 재해에 약하다.
→	6.3엔 (75g)	연소계열에서는 가장 런닝코스트가 높다. 공급 가능 지역이 넓어 재해에 강하다.
→	3.1엔 (85g)	연소계에서는 가장 저렴한 가격으로 한랭지의 주역이었다. 근년에는 가격변동이 크다.

그러나 전력의 공급체계가 어떻든 에너지 절약, CO_2 절감은 달성해야만 한다. 따라서 착실하면서 견실한 코스트 절감 → 에너지 절약 → CO_2 절감의 왕도를 잊어서는 안 된다고 믿고 있다.

제7장

에필로그

지금까지 6개의 장 27개의 테마에 걸쳐 에코하우스를 다양한 시점에서 논하였다. 안타깝게도 진짜 테마에는 아직도 당도하지 못했다. 에코하우스라는 것은 결국 무엇인가, 애당초 정말 필요한 것인지조차 모르겠다. 이 책의 마무리로서 이 마지막 테마를 검증하겠다.
당신은 에코하우스가 좋습니까?

Q.28 결국, 에코하우스는 필요한가?

A 필요하다. 단지, 신중하게 논의하여 진짜를 키워야만 한다.

지금까지 6장 27개의 질문에 답하는 형태로 에코하우스에 관한 고찰을 실시하였다. 마지막에 정리를 하고자 한다.

전반(제1장~제4장)은 에코하우스의 정석으로 여겨지는 수직 보이드 공간(후키누케) + 큰 창을 중심으로 다양한 의문을 제기하였다. 유행을 쫓았을 뿐인 무감각한 설계는 불쾌적하며 에너지를 낭비하는 공간을 초래할 수 있다는 것을 지적하였다**(그림 1)**.

반복하자면 이것들은 추측도 무엇도 아닌 실제로 필자와 연구실 학생들이 실측 조사를 통해 몇 번이고 목격해온 사실이다. 건축잡지를 풍성하게 만드는 에코하우스를 볼 때에도 쓰여 있는 것을 그냥 넘기지 말고 비판적으로 체크하기를 권한다.

그림 1 수직 보이드 공간 + 큰 창이 초래하는 문제점

언뜻 보면 에코로 보이는 이 요소가 여러 가지 문제를 초래한다는 것을 이 책의 전반부에 지적하고 있다. 전부 매우 단순한 물리원칙으로 설명 가능한 초보적인 것뿐임

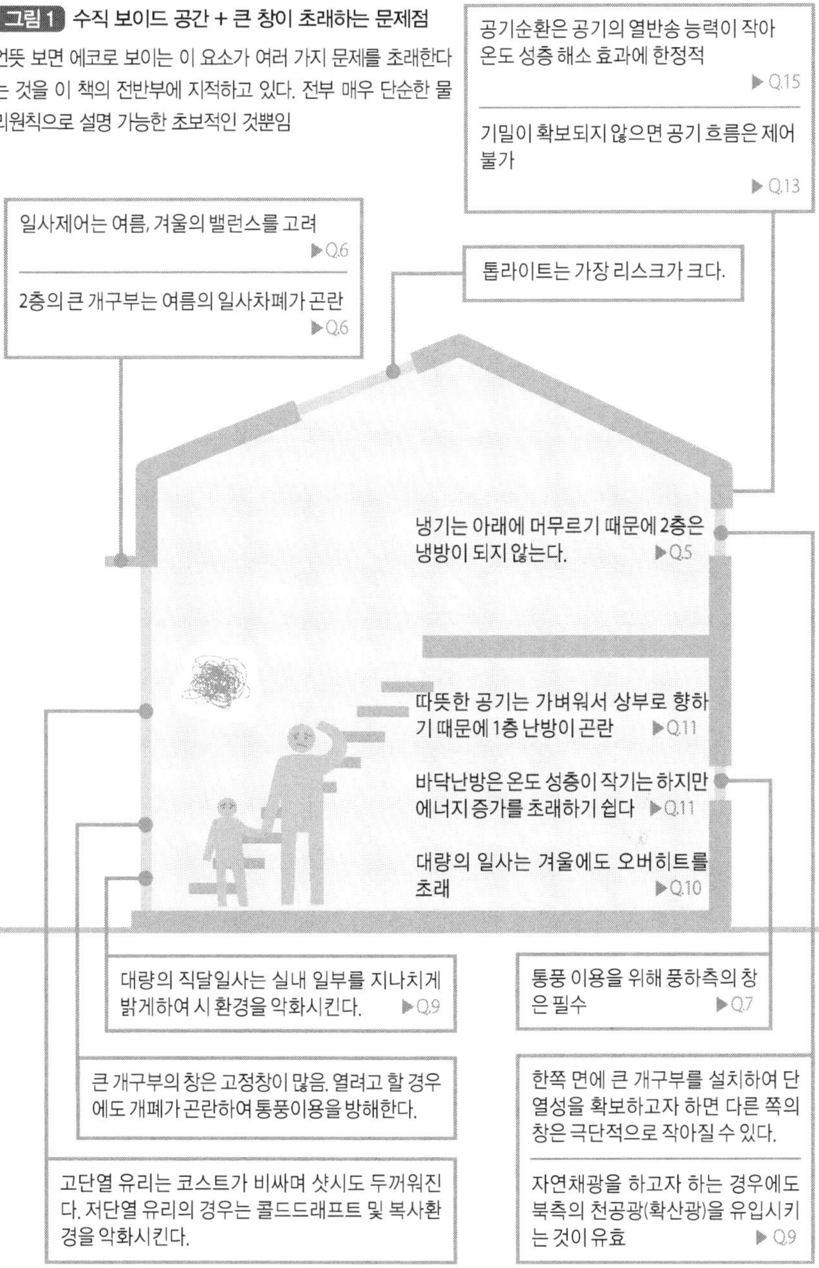

공기순환은 공기의 열반송 능력이 작아 온도 성층 해소 효과에 한정적 ▶ Q.15

기밀이 확보되지 않으면 공기 흐름은 제어 불가 ▶ Q.13

일사제어는 여름, 겨울의 밸런스를 고려 ▶ Q.6

2층의 큰 개구부는 여름의 일사차폐가 곤란 ▶ Q.6

톱라이트는 가장 리스크가 크다.

냉기는 아래에 머무르기 때문에 2층은 냉방이 되지 않는다. ▶ Q.5

따뜻한 공기는 가벼워서 상부로 향하기 때문에 1층 난방이 곤란 ▶ Q.11

바닥난방은 온도 성층이 작기는 하지만 에너지 증가를 초래하기 쉽다 ▶ Q.11

대량의 일사는 겨울에도 오버히트를 초래 ▶ Q.10

대량의 직달일사는 실내 일부를 지나치게 밝게하여 시 환경을 악화시킨다. ▶ Q.9

통풍 이용을 위해 풍하측의 창은 필수 ▶ Q.7

큰 개구부의 창은 고정창이 많음. 열려고 할 경우에도 개폐가 곤란하여 통풍이용을 방해한다.

한쪽 면에 큰 개구부를 설치하여 단열성을 확보하고자 하면 다른 쪽의 창은 극단적으로 작아질 수 있다.

고단열 유리는 코스트가 비싸며 샷시도 두꺼워진다. 저단열 유리의 경우는 콜드드래프트 및 복사환경을 악화시킨다.

자연채광을 하고자 하는 경우에도 북측의 천공광(확산광)을 유입시키는 것이 유효 ▶ Q.9

에코는 건축양식에 없다

앞에서 논의한 에코하우스의 문제는 냉정하게 생각하면 모두 초보적 수준의 물리원칙으로 설명 가능한 간단한 물리적 현상일 뿐이다. 조금만 의식하면 자신의 실제 체험을 통해서도 짐작이 가는 단락이 있을 것이다. 그런데 왜 이렇게까지 거짓이 버젓이 통하는 것일까?

필자의 이해로는 에코라는 단어가 건축 세계에서는 모더니즘이나 포스트모던과 같이 양식의 하나로 취급되고 있는 것이 문제의 근간이다. 시공법이나 재료의 발전을 고려했다고 해도 이들은 기본적으로 건축가와 평론가의 좁은 커뮤니티에서 결정된 사람에 의한 구별일 뿐이다. 결국, 현재의 에코하우스의 대다수는 에코 양식일 뿐이다.

그러나 에너지 절약이나 CO_2 저감이 절실해지는 가운데 사람들의 생활을 지켜 가기 위해서는 양식으로서의 에코는 무력하고 때로는 유해하다.

인간은 어째서인지 체모(體毛)가 퇴화해서 추위에의 대처를 위해 의류, 그리고 건물을 필요로 했다. 건물은 물리적 존재로서 인간을 보호한다는 절실한 염원을 그 발단으로 하고 있다는 것을 잊어서는 안 된다. 그것은 양식의 유행 등과는 상관없는 건물의 근원적이고 영속적인 존재 이유이다.

제대로 된 생활을 하고 있습니까?

후반의 제5장, 제6장에서는 태양광 발전을 중심으로 에너지 창출이나 에너지 제로, CO_2 저감을 비판적으로 다루었다. 이런저런 애매한 키워드나 벗어난 정책에 휘둘려서는 우리 생활이 피폐하게 되며, 또 이론이나 테크놀로지 운운하기 전에 근본인 생활 그 자체를 재점검하는 것이 먼저 해야 할 일이 아닐까 생각하기 때문이다.

스위스에 견학 갔던 학생이 스위스 사람은 아침 7시에 학교나 회사에 도착해서 저녁 4시에는 집에 돌아온다며 놀라워했다. 축전지에 수백만 엔 들여 올빼미 생활을 계속하는 것과 밝은 낮 동안에 돌아와 빨리 자는 생활로 전환하는 것과 어느 쪽이 여유로울까? 지금 다시 한 번 생각해야겠다.

그리고 밖이 밝은 시각부터 집에서 보내게 되면 주거환경을 얼마나 쾌적하게 하는가를 신중하게 생각하게 될 것이다. 따라서 스위스 사람들은 질 높은 주거환경의 획득에 여념이 없다(사진 1). 스위스의 에코하우스에서 수직적 보이드 공간(후키누케)이나 큰 창을 보기 힘든 것은 이것들이 외관은 좋아 보여도 주거 환경을 악화시킨다는 것을 모두가 이해하고 있기 때문이 아닐까?

일반 생활을 소중히 하지 않고 제대로 된 주거환경을 논하는 것 따위 가능할 리가 없다. 따라서 보여주기뿐인 에코 양식을 깨닫지 못하는 것이다. 일본인도 좀 더 사는 것, 생활하는 것에 탐욕적이 되어야만 한다. 제대로 된 주거환경은 단지 주어지는 것이 아니라 획득하는 것이다. 돈을 어디에 사용해야 하는지 어디에 사용하면 안 되는지. 그 엄격한 취사선택 속에서 가짜는 도태되어 진짜만이 살아남아야 한다.

사진 1 **주거생활에 관심이 높은 스위스**

130개의 역에 있는 편의점 사이즈의 서점. 주택이나 가드닝 잡지가 늘어서 있으며, 그중 주거환경이나 에너지 절약에 관한 것이 5권이나 있었다. 스위스 사람들의 주택의 질에 관한 관심이 높다는 것을 엿볼 수 있다.

결국, 에코하우스는 무엇을 위해?

필자가 이 원고를 집필하게 된 동기는 실은 사람들이 에코하우스를 좋아하지 않는 게 아닐까? 아무도 진지하게 생각하고 있지 않은 게 아닌가?라는 위기감에서이다. 이대로는 수십 년 후에 화석에너지를 사용할 수 없게 되었을 때 사람들은 정말로 비참한 생활을 하는 처지가 될 것이다. 양질의 에코하우스의 건설은 사람들에게 방주가 될 수 있다. 그러기 위해서는 애매하게 별 탈 없이 끝내는 것이 아니라 지금부터 엄격하게 논의하고 검증하여 진짜로 만들어가야만 한다.

사람들은 섬세한 감각으로 자연을 느껴 왔다. 좀 더 잘 사는 것의 의의를 깨달으면 실내 환경도 섬세하게 논할 수 있을 것이다. 그래서 반드시 우리의 풍토, 기후에 맞는 모두를 행복하게 하는 진짜 에코하우스를 만들 수 있다고 믿고 있다.

모든 질문의 마지막에 비로소 예스!라고 대답할 수 있었다는 것으로 이 책을 마무리하고 싶다.

색인

저자 소개

마에 마사유키(前 真之)

現 東京大學大學院 공학계연구과 건축학전공 부교수(准教授), 공학박사

1998년 東京大學 공학부 건축학과 졸업
2003년 東京大學大學院 박사과정 수료(공학박사)
2004년 (日)건축연구소
2004년 10월 東京大學大學院 공학계연구과 객원교수로 취임
2008년~현재 東京大學大學院 공학계연구과 건축학전공 부교수(准教授)

환기(통풍), 급탕, 자연광 이용 등 다양한 연구를 수행 중이며, 진정한 에코하우스를 정립하기 위해 매진하고 있음.

역자 소개

송두삼

2002년 東京大學大學院 공학박사(Ph.D)
2002년 東京大學 생산기술연구소 조수(助手, Assistant Professor)
2004년 ~ 현재 성균관대학교 건축공학과 교수
2010년 ~ 2011년 Lawrence Berkeley Lab., Visiting Scholar
2018년 ~ 현재 (사)한국태양에너지학회 회장

환기, 냉난방, 패시브하우스 등 건강하고 쾌적하며 에너지 절약적인 건축을 실현하기 위한 다양한 연구를 수행 중이며, 특히 친환경건축의 진정성에 대해 고민하고 있음.

우리가 모르는
에코하우스의 진실

초판발행 2016년 5월 27일
초판 2쇄 2018년 9월 7일

저 자 마에 마사유키(前 真之)
역 자 송두삼
펴 낸 이 김성배
펴 낸 곳 도서출판 씨아이알

책임편집 박영지, 김동희
디 자 인 백정수, 윤미경
제작책임 김문갑

등록번호 제2-3285호
등 록 일 2001년 3월 19일
주 소 (04626) 서울특별시 중구 필동로8길 43(예장동 1-151)
전화번호 02-2275-8603(대표)
팩스번호 02-2265-9394
홈페이지 www.circom.co.kr

I S B N 979-11-5610-208-3 93540
정 가 18,000원